U0381113

物联网的本质

IoT的赢家策略

〔日〕小林纯一——著　金钟——译

SPM 南方出版传媒　广东人民出版社
·广州·

图书在版编目（CIP）数据

物联网的本质 ：IoT 的赢家策略 /（日）小林纯一著；
金钟译 .— 广州：广东人民出版社，2018. 9
ISBN 978-7-218-13083-5

Ⅰ．①物… Ⅱ．①小… ②金… Ⅲ．①互联网络一应
用 ②智能技术一应用 Ⅳ．① TP393.4 ② TP18

中国版本图书馆 CIP 数据核字（2018）第 162365 号

广东省版权著作权合同登记号：图字：19-2017-170

Wulianwang De Benzhi: IoT De Yingjia Celüe
物联网的本质：IoT 的赢家策略
〔日〕小林纯一 著 金钟 译

出 版 人：肖风华

策划编辑：詹继梅
责任编辑：马妮璐
责任技编：周 杰 易志华
装帧设计：刘红刚

出版发行：广东人民出版社
地 址：广州市大沙头四马路 10 号（邮政编码：510102）
电 话：（020）83798714（总编室）
传 真：（020）83780199
网 址：http://www.gdpph.com
印 刷：北京时尚印佳彩色印刷有限公司
开 本：880mm×1230mm 1/32
印 张：6.25 **字 数：**110 千
版 次：2018 年 9 月第 1 版 2018 年 9 月第 1 次印刷
定 价：42.00 元

如发现印装质量问题，影响阅读，请与出版社（020-83795749）联系调换。
售书热线：（020-83795240）

序章

自此拥有了“千里眼”

要说有意思，没有什么比创造新价值更有意思的了。换句话说，在我看来，如今的日本处处充满着机遇。为什么这么说呢，因为物联网正带领日本各行各业掀起服务革命的浪潮。2014 年以来，“物联网”成为报纸、杂志、网络最热门的流行语。IoT 是英文 Internet of Things 的缩写，翻译为物联网。最初，许多人认为“物联网”只是流行于一时的年度网络流行语，然而两年过去了，“物联网”一词不仅没有过时，反倒是更加热门了。

在此之前，互联网只是人与电脑、电脑与电脑之间的通讯联系。与之相对应的，物联网就是把现实中的东西通过传感器和互联网相互衔接的一种技术，传感器就相当于人体的感觉器官。无论是身边的物品，还是社会公共基础设施，任何物品都可以和互联网相互衔接。

如此一来，我们便可随时随地采集物品的状态信息、周围环境信息。

实际上，物联网不仅仅只是连接物品的网络。物联网的出现加强了人们对物品的远距离监控，相当于安上了“千里眼”。通过物联网，人们不仅可以实时掌握物品的状态信息，还可以对接下来可能发生的事情做出预判。这将为人们提供前所未有的服务。物联网技术催生的新型服务，必将大大地影响人们的工作和生活方式。

不单单是日本，在世界各地不同的体制、文化下，物联网正改变着行业的发展，同时也改变着人们的生活。在这方面，日本有着自己独有的文化、优势。

“3·11”日本地震期间，灾民有序地排队领取食物，没有出现任何哄抢的现象。地震现场的视频报道，让外国人深深感受到日本人的生活有序和克己守礼。

这种传统的文化精神，当与物联网平台相结合时，必将产生一种新的服务，将使国家出现前所未有的新高度。

那些参与其中的企业，能够为日本的行业发展和社会进步贡献力量，同时也让企业的发展有了新空间。物联网将带动一批新兴产业的发展，具体情况可以参考当年的工业革命和互联网革命。

本书旨在讲述物联网行业发展的历程回顾、现状分析与前景展望。因此，笔者将本书题名为《物联网的本质：赢家的IoT 策略》。

物联网，说起来容易做起来难

由于我目前从事 Dust Networks 物联网无线传感终端技术的推广工作，所以我能够接触到各行各业的客户，也了解到大家都在探讨基于物联网技术的服务新模式。

迄今为止，为了推广 Dust Networks 技术，笔者先后拜访了许多企业客户。其中包括一些服务型企业，比如那些为铁路、公路、建筑、土木工程、运输、医疗、农业、制造等经营管理企业服务的系统开发公司。另外还包括一些震动、温度、射线、水质等传感器制造企业。

几乎所有的客户都对 Dust Networks 技术感兴趣，并且都在其新的应用领域中提出了许多新的想法。有许多系统开发公司提出的问题，如为了帮助客户解决问题——硬件与软件应当怎样结合，或者有没有相关的成品制造商？还有许多传感器制造商提出的问题——有没有符合客户需求的系统集成技术？

也就是说，面对各领域的技术及市场，厂商与系统开发商在商业层面的沟通上没有问题，但是放眼整个日本，却找不到像 Dust Networks 那样能够完全适用于全新应用领域的新技术。

现如今，物联网处于黎明前的混乱时期，机会就在眼前

为了实现物联网的实际应用价值，应该如何采集基础数据、如何归纳数据、如何分析判断大数据以及如何传递分析结果，这些都是我们必须考虑的问题。

如此一来，必然就需要诸多企业之间的合作。全新的物联网平台，自然就需要新的硬件和新的软件。恐怕没有哪家企业能够包揽全部。由此，企业之间的合作就必不可少。

多家企业进行合作会涉及一个问题，那就是如何实现物联网平台的收益。比如，虽然作为互联网巨头的谷歌和亚马逊确立了成功的商业模式，但是眼下物联网的使用者和受益者应当以什么样的形式支付费用，该费用应该以什么途径、什么名目收取以及由谁来收取，诸如此类的商业模式它们并未确立。

也就是说，对于从事物联网行业的企业来说，目前物联网正处于黎明前的混乱时期。这种混乱的状态必将随着时间的推移而逐渐明朗，创造新的商业模式的机会就在眼前。至于如何去把握这个机会，希望本书能够给大家带来些许的帮助。

目前市场上已经有一些有关抽象地解析物联网的书籍。本书将尽可能地运用形象化语言，列举实际成功案例，为大家介绍新兴物联网产业的发展过程，并为大家提供实际的物联网商业化战略和建议。另外，考虑到很多人是文科出身，笔者将尽量用通俗易懂、精确的语言来加以描述。

本书第 1 章将简单概述物联网创新发展对日本经济的意义，第 2 章将为大家详细介绍物联网应用的各种典型成功案例。从第 3 章到第 7 章，将详细讲解物联网在工厂运营管理、交通基础设施维护、自然灾害防御、位置服务与定位技术、农业增效等领域应用的实例。

读完这本书大家就会明白，物联网不仅仅只是一个热门词汇那么简单，还必将会对整个社会的发展起到巨大的推动作用。同时大家也将能够发现物联网应用行业的发展关键点。希望大家都能够把握物联网的发展趋势，成为物联网时代的赢家。

接下来，让我们一起打开物联网时代的大门吧。

目录

Contents

第❷章　学习以往的成功案例

第❸章　物联网在制造业的应用

第❹章　利用有限的预算，维护交通基础设施

第❺章　物联网在自然灾害中守护你的安全

第❻章 定位系统的显著经济效益

第❼章 “物联网 + 农业”

结束语

第❶章

物联网是时代发展的必然产物

本章将概述日本经济的现状，以及迄今为止历史上几次产业革命的历程。

安倍经济学实施第三年的现状
——存在投资不足的问题

2013年，第二次安倍内阁成立后，推出了被称为“安倍经济学”的经济政策，随即对金融市场造成巨大的冲击——股价上涨、日元贬值，没有像股市上扬那样带来实体经济的复苏。在安倍执政的三年间，日本的经济增长率实质上仅为2%。出口没有实现增长，个人消费情况也没有如预期那样实现好转。这究竟是怎么回事？

日元贬值，促使出口企业收益上升；访日游客的激增，为酒店、地铁、超市等内需型企业带来营业额的增长、收益的增加。然而这些收益却作为留存收益，成为企业的内部积累。日本所有企业共有约 350 万亿日元的留存收益，占日本 GDP 的 70%。

便利店、餐饮店、建筑工地、物流企业都面临着劳动力不足的问题，如小时工、建筑工、卡车司机都招不到人。有效求人倍率大幅上升，2015 年底达 1.25 倍，创二十多年来新高。与此同时，自 2015 年 7 月起，日本全国的实际薪资也终于开始上调。

在这种不协调的现状下，长年的通货紧缩令企业不愿投资、消费者不愿支出。从理论上来讲，企业投资新设备，提高潜在增长率的同时，增加员工工资收入，从而能够促进消费并刺激经济增长。但是常年的通货紧缩导致企业和民众都不去这么做，对经济疲软习以为常。

究其原因，则是因为日本是一个宜居国家。国民无须为衣食住行发愁，只要不是太奢侈，基本上想买的东西都能买得起，也无从挖掘民众的新需求。因此要不断研发有助于提高生活质量的新服务模式，这样企业才能得到长足的发展。

前段时间，日本经济同友会代表干事小林喜光针对日本低迷的设备投资走向问题提出看法：“新产业创造力不足，投资机会匮乏。”[①]在经济主体构成三要素——企业、消费者、政府当中，政府的直接调控意味着财政的支出。在企业不愿投资、消费者不愿支出的情况下，作为景气循环对策的财政支出和日本央行金融缓和政策，无益于企业大胆投资和日本财政重建。

另一方面，有效求人倍率的大幅上升，意味着持续的劳动力不足。在劳动年龄人口持续下降、老龄化问题严重的日本，劳动力不足是经济发展中避不开的问题。

怎样才能打破这种进退两难的局面？——这时候就该轮到物联网产业出场了。“物联网”就是把现实中的物品通过网络计算机加以管理，对收集的数据加以分析，并反馈给现实世界。由此提高生产效率和加强生产安全，提供高品质的产品和服务，产生新的需求，促进经济增长。

在传统产业基础上应用新技术的创新服务，将会在新的产业和设备投资两方面的驱动下不断发展。

---

① 《扩大设备投资规模，实现政企密切配合，放松政府管制模式是其先决条件》，《日本经济新闻》2015年10月16日刊载的日本经济同友会代表干事小林喜光的评论。

产业界期待的呼声日益高涨

面对产业创新不足、投资机会匮乏、劳动力不足、增长速度缓慢、闭塞保守的日本经济，物联网产业无疑是一剂打破僵局的强心针。我们期待能够在产官学结合的基础上取得巨大成就。

最近为什么各行各业都对物联网充满期待？因为其中蕴含的重大机遇清晰可见。2015 年 10 月“IoT 推进国际财团”成立。分管日本信息通信产业的两位大臣即总务大臣高市早苗、经济产业大臣林干雄，以及 750 家企业的代表参加了这次会议。这种盛况是前所未有的。

可容纳 800 人的会场里挤满了人，个个都举足轻重，似乎他们就能够代表日本所有产业。会场上气氛热烈，使我再次确信物联网将给社会带来巨大改变，各行各业都在期待一场关于物联网的产业革命。我情不自禁地想：这将是一场影响所有产业的巨大革命。

对于在传统行业竞争的各个企业来说，物联网将是一个新的竞争范畴。这个新的竞争范畴，是在企业迄今为止的经营活动、经营设备、经营渠道的基础上加入物联网的元素，创造出其他企业无法模仿的新的服务。

最初提出“创新理论”的是经济学家约瑟夫·熊彼特，他在《经济发展理论》一书中提出：“创新就是把不同的生产要素重新组合，以实现对生产要素或生产条件的优化。”结合物联网产业的现状来看，就是将现有的设备、业务关系与互联网结合起来，形成一个新的产业，从而带来全新的设备投资。这将是一个广泛的新共识，它将推动着原本踌躇不前的企业下定决心进行设备投资。

约瑟夫·熊彼特在《经济发展理论》一书中还提出：“在没有创新的情况下，市场经济只能处于一种均衡状态，没有任何利润、利息可图。由此，企业经营者如果不创新，必将失去生存的空间。”这对于零利率甚至负利率、投资环境一蹶不振、通货紧缩的日本来说，无疑是一种警示。这种观点与后文提到的彼得·F.德鲁克的观点是一脉相承的。

为实现期望而制定的战略

回溯历史，我们发现历史上有多次因为新技术掀起的产业结构变革，亦称为“产业革命”。历史上的每一次产业革命，都提高了我们的生活水准和工作效率。

每一次产业革命必然都会推动相关企业的兴衰。那些最早看到新技术的优点，取得战略优势的企业，必将迎来发展的春天。至于那些跟不上变化的企业，必将步入衰败。

那么，物联网产业革命将会给大家所在的行业、企业带来怎样的变化呢？具体的案例将在本书的第 3 章到第 7 章进行详细讲解。事实上，无论是农业、制造业，还是交通、物流、医疗等行业，都将受到物联网产业革命的影响。

我将根据自己在工作当中接触到的不同的客户、各种各样的实际案例，详细地为大家讲述物联网将会给各行业带来什么样的变化。在这之前，我将结合历史，为大家讲述我对物联网产业发展的战略思考。

从历史中学习战略

现如今，物联网产业革命正如火如荼地上演。我们不妨从历史上的几次产业革命中寻找成功的战略，从而总结出历史上的成功企业是如何从产业革命中胜出的。在我看来，以往成功的战略只需稍加变动就能够运用到如今的产业革命当中。也就是说，对如今的物联网产业革命具有一定的参考价值。

在新技术、新产品问世之前，人们往往并不知道这种新技术、新产品会给社会带来怎样的影响。比如说在19世纪初的英国，火车刚发明出来的时候，在习惯乘坐马车的人们看来，只能按照固定的路线到达指定的地点，实在是太不方便了，火车这东西肯定普及不了。人们都习惯用以往的经验对新的事物加以判断。然而事实上，能够安全地运输大量人员和货物的火车，最终在这个世界上推广开来。

彼得·F.德鲁克在《创新与企业家精神》一书中指出："正因为'一直以来都是这么做的'，所以始终按照原来的方法、方式来做，其实这种想法暗含着对新时代新事物的恐惧。

在新时代来临的时候，彻底地摒弃原先的方法方式，这就是创新。”就好比火车的兴起、马车的淘汰，“不顺应时代的潮流，则看不到任何希望”。无视物联网产业兴起的时代潮流，必然会衰败。

第二次产业革命是指 19 世纪末 20 世纪初在美国掀起的以石油为能源的能源革命。当时，约翰·洛克菲勒不参与储量不明、具有风险的油田开采，而是一门心思建立炼油厂，从事原油、成品油油管生意，最终建立起庞大的石油帝国。原油必须经过精炼处理才能够使用，洛克菲勒正是看准了这一点，非常大胆地收购竞争对手的股权，一心从事炼油和油管生意。这种投资行为也给他带来了巨大的回报。

从这个案例中我们可以总结出一点，那就是从商业的角度来说，我们所在的企业有没有掌握实现物联网产业服务的关键点尤为重要。

想必诸位读者朋友也深有体会，传统行业正面临着无比激烈的竞争。那么如果在传统行业原有的设备、渠道的基础上结合物联网技术，就有可能产生其他企业所不具备的自己独有的核心竞争力。

模块化势在必行

紧随着能源革命之后，1908 年美国福特汽车公司推出了世界上第一辆属于普通百姓的量产汽车——福特 T 型车。在当时，美国有多达数百家汽车制造公司，不过主要都是面向富人，主要用手工生产高档汽车。福特并没有选择和这些汽车制造公司进行竞争，而是萌发了制造某种轻便的汽车以取代长途马车的想法。当时的道路交通条件很差，一到下雨天路上泥泞难行，那些高档汽车都无法行驶，反倒是马车可以在这种泥泞的道路上行驶。何况，手工制作的高档汽车是马车价格的 3—4 倍。

价格与马车大致相等，同样能够在路况差的道路上行驶，并且可以降低长期的维护保养成本，福特 T 型车就是按照这个思路研发出来的。大量地生产相同的零部件，在生产方面自然就可以采用流水线作业。由于常年在生产力上下功夫，1908 年刚投产时尚需 21 天的生产周期，到 1927 年，仅需要 4 天的时间，这样就大幅降低了成本。前后 19 年总共生产了超过 1 500 万台福特 T 型车。

在物联网商业模式方面，我们不妨参考这个案例。要想在短期内实现低价格的物联网服务，那么软硬件的模块化以及模块组合则是势在必行的。关于新产品的开发，最大的风险就在于成本控制。同样的东西，通过不同的组合来满足广泛的需求，这就是模块化的优势所在。这时，模块输出（入）端口的统一规格就显得尤为重要。

在接下来的物联网产业革命中，能否掌握尖端的模块化技术，对短期内能否实现物联网产业商业化应用尤为重要。随着产业结构发生新变化，买来的模块如何与自身所熟知的行业结合？本公司能够提供什么样的模块？我认为大家不妨仔细琢磨一下，从而在模块化竞争中胜出，并形成事实标准，为其他企业树立榜样。

第一次互联网革命——PC 时代

我们在学习了 200 年前产业革命的战略之后，不妨来学习一下 30 年前的互联网革命。互联网革命共有两次。第一次是 20 世纪 90 年代围绕着计算机的互联网革命，第二次则是从 21 世纪初期至今，围绕着手机的移动互联网时代，与现如今的物联网信息技术革命一脉相承。由此，我们可以把物联网产业革命称为“第三次互联网革命”。

2000 年以前的第一次互联网革命，提供搜索引擎服务的雅虎和谷歌，凭借 10 亿规模的用户，成为当时的互联网霸主。雅虎和谷歌都看到了互联网信息检索的必要性，并提供相应的搜索服务。在投资搭建服务器的基础上，谷歌凭借更便捷的搜索服务，获得了更大的发展。而雅虎作为一个门户网站，拥有融资、通讯等广泛的业务布局，搜索引擎只不过是其中之一罢了。与之相对应，谷歌则把搜索引擎视为附加值的源泉，在此单一领域进行专注投资。

事实证明，谷歌的思路是正确的。拥有大量用户的搜索引擎，为谷歌带来了可观的广告收益，再将这些收益用于研发用户喜欢的界面和高速、精准的搜索结果，从而形成良性循环。20 世纪 90 年代后期，能够提供搜索引擎服务的企业还有从 DEC 独立出来的 Alta Vista 等公司，但随着谷歌的迅速扩张，2000 年以后基本上就没有什么人使用其他搜索引擎了。谷歌在搜索引擎这一领域形成了事实标准，从而取得了该领域的世界霸主地位。

这种保持实力、形成事实标准、把盈收再投入到研发当中的战略（赢者通吃效应，Winner Take All）早在搜索引擎之前，美国的网络浏览器、办公软件开发公司就已经在运用了。Netscape Navigato、LOTUS 1-2-3 等一些令人怀恋的软件，都败给了美国微软公司的 Internet Explorer 和 Microsoft Office。

像这种通过压倒性的投资规模形成事实标准而赢得竞争的案例还有许多。20 世纪 80 年代在众多微软系统 CPU 当中取得霸主地位的 Intel x86 处理器，在办公操作系统领域取得了霸主地位的微软 Windows OS，都是采用了该战略的成功案例。

扩大用户群体强化竞争力，通过投资全面性地压倒竞争对手并获得回报，这些案例就是最好的证明。

要弄懂非竞争领域和竞争领域

在确立事实标准的情况下，我们来谈一谈非竞争领域。

谷歌的搜索引擎之所以能够确立事实标准的地位，是因为谷歌构建了 Web 服务框架。Web 框架是在 HTTP 协议规定的通信规则下传输 HTML 文档。HTML 是 Web 编程基础语言，设置文本和图像都要用到 HTML link。

谷歌刚成立的时候，HTML 和 HTTP 是全世界所有 Web 服务器、Web 用户都在使用的世界标准，并非哪家公司的专有物。也就是说，在企业看来，这应该属于非竞争领域，是谁都可以免费拿来用的标准。如何才能让这一块更好地为用户服务？当时很多人都在思考这个问题，谷歌给出的答案就是搜索引擎。

这个在非竞争领域构建的事实标准，就像是在公共土地上建造的高速公路一样。HTML 和 HTTP 就好比公共土地，谷歌的搜索引擎就相当于高速公路。建设一条高速公路需要投入大量的资金，在接下来很长的一段时间内，行驶的车辆要支付一定的过路费，建设方才能够收回成本。高速公路的收益取决于行驶的车辆的多寡。同样的道理，拥有更大用户群体的搜索引擎，才能够从商家那里获取更多的广告费。对于企业的广告部来说，他们会把广告预算优先投向拥有更大用户群体的搜索引擎，这是理所当然的事情。

非竞争领域的公共产品研发涉及企业、政府、学术团体的意见反馈，还包括标准制定部门和协助团体。从这一点来看，非竞争领域也可以称为“协作领域”。

物联网产业当中，既有所有企业共享的协作领域，也有各企业激烈竞争的竞争领域。

协作领域包括通信协议、数据云存储方式以及上传数据格式标准等。为搭建物联网平台，需要服务器采集物品数据以及智能终端的信息转换。为了能够更好地传输、转换数据，通信协议标准尤为必要。

那么，什么是物联网的竞争领域？它包括安装传感器的物品、数据存取方法、数据分析技术以及收费形式。

亚马逊公司值得学习的地方

计算机时代互联网革命的赢家，除了谷歌之外还有亚马逊。

亚马逊的优势在于便利的结算方式和高效的配送。用户在亚马逊网页上选购商品，从点击到结算，服务器的处理只是一瞬间的事。结算方式的便捷，是亚马逊的创新之处。并且提交订单之后会立即进行出库配送作业。亚马逊在美国创业之初，花了很长时间在全美自建物流网络。

亚马逊从最初的图书销售到后来商品范围不断扩大，完成了物流业的交货期革命。就拿日本亚马逊来说，各配送中心之间的物流网络都是自建的，并采用多式联运一站式（Last One Mile）家庭配送。即采用了覆盖全国各地的末端物流宅配送服务模式，构建了高效的物流网络。从亚马逊成立一直到现在，宅配送的物流基础设施投入就一直没停过。这种一站式的末端物流配送网络，其硬件设施投入是巨大的。

如果把这种思路用在物联网上，结果又会怎么样呢？首先应该找到物联网产业投资中最值得花费时间精力的部分。如果能够像互联网革命时期的亚马逊那样，不仅能够推出新的服务，还能够考虑到终端管理，那么必将会在物联网领域获得成功。比如说，和政府部门建立关系，与传感器应用客户建立业务关系等。事实证明，前期建立的渠道资源对于今后的物联网产业经营活动非常重要。

第二次互联网革命——移动终端

继计算机时代以搜索引擎为核心的第一次互联网革命后，紧接着是围绕着手机的移动互联网革命。在移动互联网革命里，最大的赢家是美国的苹果公司。

1976 年，史蒂夫·乔布斯创办了美国苹果电脑公司。1977 年，Apple II 电脑获得了巨大成功后，而后投入了高额的研发费用，在 1984 年推出了“无法从外部进入的电脑”——“麦金塔电脑（Macintosh）”。只可惜，为了能够更好地宣传麦金塔电脑，1983 年乔布斯亲自聘请前百事可乐 CEO 约翰·史考利出任苹果公司 CEO，然而约翰·史考利和乔布斯在麦金塔电脑的定价上发生激烈冲突，乔布斯最终在 1985 年从苹果公司离职。

之后，IBM 从苹果公司手中夺走了市场的大部分份额，导致苹果公司在接下来很长一段时间内陷入低迷。直到 1997 年乔布斯回归苹果公司，才重振苹果雄风。

乔布斯回归后的苹果公司以麦金塔系列台式机为主打产品，并在 2001 年发布了可以从网上下载音乐的便携式播放器 iPod。由于当时还没有大容量的闪存存储器，所以就必须使用硬盘储存媒介，于是掉在地上摔不坏就成为其最大的设计亮点。

最初的 iPod 需要连接电脑才能够在网上下载音乐。后来的 iPod 开始向网络连接（互联互通）以及触屏提高操作性方向发展。按照这个研发方向，最终在 2007 年发布了智能手机 iPhone。广域无线通信网络的应用，使得无须连接电脑、WiFi 即可用手机上网。iPhone 内置手机设备操作系统 iOS，在此基础上生成应用程序。除了苹果公司提供的应用程序之外，还有数以几十万计的第三方平台开发的应用程序，这些都可以从 App Store 上下载。这些应用程序都是使用苹果公司提供的 SDK[①]编译的，通过 iOS 支持的 API[②]实现对硬件的控制。

① SDK：软件开发工具包。Software Development Kit 的缩写。

② API：应用程序编程接口。Application Programming Interface 的缩写。

公共平台从量变向质变转化

正因为有 iOS 这样一个公共平台，所以才有十几万个 APP 开发从业者面向 10 亿 iPhone 用户开发应用程序。计算机时代微软和英特尔的业务范畴，如今苹果一家公司就全部包揽下来。虽说十几万个 APP 开发从业者开发的应用程序良莠不齐，但是用户可以从中自由选择喜欢的 APP，如此一来，从量变到质变，iPhone 的功能日渐趋于完美。

苹果公司的 iPhone iOS 操作平台，让公共平台霸主搜索引擎 Google 感受到了实质的威胁。早在 2005 年，谷歌收购了美国 Android 公司，就开发了与 iOS 抗衡的 Android OS，并在 2007 年末推出了这款搭载在智能手机上的安卓操作系统。

物联网也是同样的道理，平台搭建最终将会是各企业的战略目标。这里的“平台”指的是用户共用的软件、硬件、联网接口。就物联网来说，指的是各个应用领域被用户广泛接受的传感器装置、近距离无线通信、广域无线通信、数据库和联网接口等内容。

物联网时代的企业将如何转变

回顾工业革命时期、互联网革命时期那些取得成功的企业的战略，对应眼下的物联网产业革命，我们可以得出相应的战略方针和见解。总结起来有如下几个要点：

（1）在物联网平台方面，企业必须要有自身的优势技术。

（2）要想在短期内搭建物联网平台，那么软硬件的模块化、形成事实标准就势在必行。

（3）分清楚物联网产业当中所有企业共享的协作领域和各企业激烈竞争的竞争领域，进而在竞争领域取得优胜地位。

（4）利用企业自身的资源优势，搭建物联网平台。

如此一来，纵览整个物联网体系，就能够在物联网产业革命过程中找到必胜的战略。

物联网平台架构大致可分为五个部分。这五个部分都可以从相应的技术、产品、服务企业那里获取（图 1-1）。

图 1-1　物联网平台架构的五个组成部分

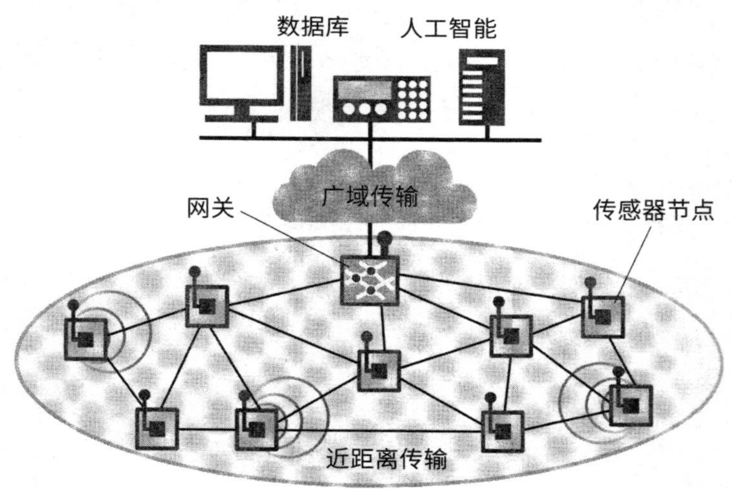

从图 1-1 中可以看出，物联网平台的搭建，首先需要在监控对象的附近放置传感器节点[①]。接下来是利用近距离传输[②]技术搭建能够获取多个传感器节点感知数据的网关。在这里，一般采用不需要光纤的无线传感器网络。最后，网关将近距离传输获取的数据统合起来，进行广域传输[③]。

综观图 1-1 各个组成部分就可以知道，这不是单独某一家公司能够做到的。为了搭建物联网平台，必须将各企业不同类型的产品归纳到同一系统中。其方式、方法和系统集成商构建的企业信息系统、通信系统是一样的。

然而，当那些系统集成商介入物联网行业之后就会发现，其中的难度是前所未有的。其原因就在于，以前的系统集成商只需和客户企业的 IT 部门打交道，商讨系统搭建的事宜。如今搭建物联网系统，却需要和客户企业的事业部门、运营部门去沟通。换句话说，客户对与物联网息息相关的 IT 知识一知半解，而系统集成商也不熟悉客户的业务内容，这就意味着在搭建物联网系统的时候不会那么一帆风顺。

① 传感器节点：传感器和无线通信数据终端。

② 近距离传输：传感器节点通过有线、无线传输向网关传输数据。Dust Networks 可以提供这方面的技术。

③ 广域传输：网关与数据库、人工智能之间的数据传输。可以借助互联网来实现。

下面，我们再来总结一下关于搭建物联网平台都有哪些要点：首先，企业是否具备数据获取与分析的技术。其次，不需要每次都重新研发、搭建物联网系统给不同的企业。最后，分清楚物联网产业当中的协作领域和竞争领域，分析企业在竞争领域是否具备自身的资源优势。大家不妨比照一下自己从事的行业，如果说根据上述几点，能够找到其他企业的不足之处，那么以此为契机，就有可能成为物联网行业的赢家。并且，我相信大家的身边就有这样的优势资源，有待诸位的发掘。

第❷章

学习以往的成功案例

本章将结合前述要点，为大家讲解物联网领域的三个成功商业案例。希望大家能够从这些成功的案例中获得启发，并在物联网商业活动中取得成功。

轻松找到停车位

首先要给大家介绍的是美国洛杉矶公共停车场服务方面的智能停车系统——LA Express Park。

和美国其他的大都市一样，走在洛杉矶的街道上就会发现路边设有停车场。如果注意观察停车场的地面就会发现，每一个停车位都嵌入了一个圆盘，让人觉得有些奇怪。实际上，那是 Streetline 公司安装的地磁传感器。目前仅洛杉矶市就有 2 万个停车位安装了这种传感器。另外，这种应用于停车场的传感器，除了洛杉矶市以外，还在美国纽约等十几个城市推广开来（图 2-1）。

图 2-1　嵌入地面的智能停车地磁传感器

照片由智能停车系统运营企业 Streetline 公司提供。

之所以使用这种传感器，是为了通过磁场的变化，检测车辆是否停入泊位，从而将信息传递给市政府。不过在这种传感器上面找不到电线电缆，地下也没有埋放电线电缆。也就是说，这些都是使用电池驱动、无线数据传输的传感器。

Streetline 公司之所以安装这些传感器，是为了给停车位设置“能够说话”的功能。就这样，洛杉矶市 2 万个停车位每时每刻都在“说话”。“车辆停入”“车辆驶离”，街上总是传来这样的声音。Streetline 公司就是要让街道自己“说话”。

听到这些声音，就能够掌握停车场的实时车位信息，如哪个停车场有空车位，哪个停车场停满。像洛杉矶这样的大城市停车位紧张，每时每刻都有人在找停车位。于是作为业主的市政府为了征收停车费，安装了收费机。这个收费机通过无线传输把收费信息传递给市政府（图 2-2）。

图 2-2　地面、收费机、路灯上都设置了无线网络节点

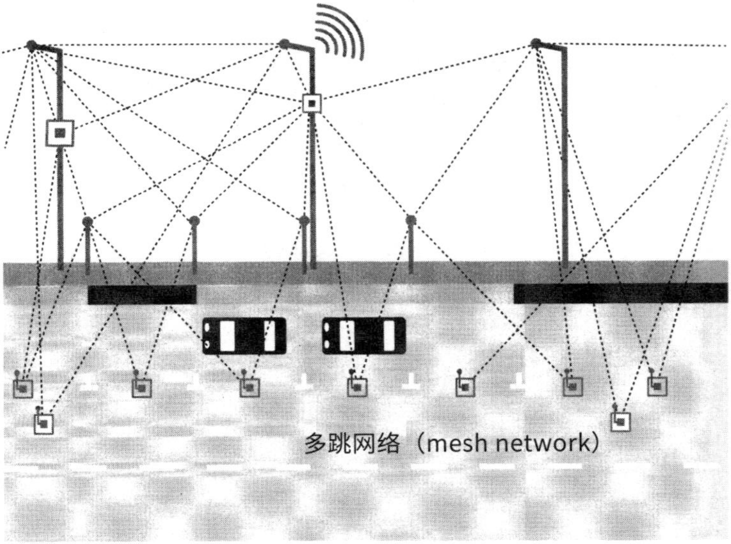

智能停车系统将嵌入地面的传感器得到的信息，通过设置在收费机、路灯等物体上的无线网络节点传递给信息中心。以上图片摘自《日经电子》（*Nikkei Electronics*）2014 年 9 月 1 日刊 97 页图 2。

那么这些设置能够起到什么样的作用呢？接下来就讲到了本书的主题“物联网平台的价值”。正因为有价值，所以洛杉矶市政府才投资安装了 2 万个传感器。总体来说，这些设置有如下三种价值。

首先是节约时间。打开手机上安装的 Streetline 公司的“Parker” APP，电子地图会显示有空闲停车位的最近停车场以及相应的收费标准。驾驶员可以通过 Parker 的电子地图轻松找到空闲停车位，节省了时间。

此前，大家经常会遇到目的地附近停车位已满的情况，不得不去别的地方寻找停车位。据统计，在大城市 30% 的驾驶时间都是浪费在寻找停车位的过程中。由此可见，能够轻松顺利地找到停车位，有利于缓解道路交通拥堵，减少尾气排放造成的大气污染，从而能够大大地改善城市的居住环境。

其次是提高工作效率。市政府的信息中心可以将硬币收费机提供的收费信息与传感器提供的停车信息相对照，由此就可以迅速明确地找到非法停车的车辆。交警就可以凭此直接过去贴罚单，从而大大地提高了工作效率。在此之前，为了找到不按照规定缴纳停车费的非法停车的车辆，还必须亲自到停车场去确认停车情况，由此才能够确认车辆的缴费信息。把之前的数据和搭建物联网平台之后的数据相比较，就能够发现其中的价值，这在各种物联网服务实际案例中都得以体现。

物联网平台的价值还不止以上两种，第三种是增加收益。自从采用了 LA Express Park 系统之后，同样数量的停车位就能够收取更多的停车费。大型商业设施、大型写字楼附近停车需求较大的停车场，即便停车费上调一些也停得满满当当的。另外，同一个停车场，工作日和假日的停车需求是有很大区别的。

于是，根据不同的场地、不同的时间制定收费标准以后，洛杉矶市的停车场收入较之前增加了 3 倍左右。由于“Parker” APP 上能够查询到收费标准，车主可以根据不同的场地和收费标准，自由选择停车场。

Streetline 公司安装的传感器，是由 Dust Networks 研发、值得信赖的无线网状网络[①]，数据传输流畅，稳定、不掉线。由于传感器嵌入地面，更换需要较大成本。故而设

① 无线网状网络：由多个无线通信节点组成的网状网络，广域传输不掉线。

计的内置电池使用寿命可达 10 年。数据传输流畅、电池使用寿命长这两点，是当初采用 Dust Networks 技术的主要原因。

LA Express Park 是在公共停车场运营服务这种传统服务的基础上，通过搭载物联网平台添加了实时掌握车位信息的新功能，从而创造了轻松找到停车位这一新服务的实际案例。

自从有了这项服务之后，市民们可以轻松找到停车位，缓解了道路交通拥堵，非法停车的现象也随之减少，市政府的收益也由此增加。参考了洛杉矶的案例之后，以纽约为首的美国各大城市也纷纷引进了智能停车场系统。

服务平台的可靠性和安全保障

前面介绍的 LA Express Park 系统自 2008 年试用以来，至今无任何故障，完美运行。接下来要讲的是该系统的几个主要组成部分。

像 LA Express Park 这样的公共服务平台，由于面向不特定人群且用户广泛，往往会让用户觉得服务质量差，用户抱怨连篇。比如说从手机“Parker”APP 上查询有空车位，结果去了之后却发现没有空车位。当用户第一次遇到这种情况的时候，或许会觉得“是不是哪里出错了”，并不放在心上，然而当用户第二次、第三次遇到这种情况的时候，想必就会产生不满。

那么，影响服务质量的原因有哪些？就拿 LA Express Park 来说，传感器的电池耗尽电能后，导致传感器采集的数据无线传输中断，这是影响服务质量的原因之一。将这些故障风险降至最低，是该系统构建的重中之重。因此就必须加入实时监控传感器运行状态的组件，我们将它称为“传感器故障管理组件”。这是大多数传感器系统必不可少的组件。

还有一点需要注意，那就是服务平台的安全保障。很遗憾，这个世界上总是存在黑客。对于那些以犯罪为乐的黑客来说，LA Express Park 就是他们眼里的猎物。如果他们能够入侵这个系统，找到某种停车不用支付停车费的方法，那么下一秒这个方法就会通过网络传播得人尽皆知，到那时服务就只能被迫中止。

安全保障是搭建物联网平台最重要的课题。搭建一个没有安全保障、只有使用功能的物联网平台，其实是比较简单的。与之相对应，想要搭建一个足够安全的物联网平台，就必须足够细心谨慎、思虑周全。所幸，其中一部分技术已经在无线局域网的发展过程中研发出来了，接下来只需继续改进、反复检验就可以了。

大家在通过无线局域网进行网上银行支付的时候，银行账户里的钱没有被盗，就是无线局域网安全保障的最佳证明。

在网络安全方面，如何给数据加密、如何生成密钥以及密钥如何保存都是极为重要的问题。这三种技术在无线局域网领域已经日趋成熟，我们可以直接用在物联网领域。

实际上，Dust Networks 的无线装置采用了美国最高机密文件的加密方式。即便是无线电报被窃取，也无法破解通讯内容。这是对数据传输机密性的保障。在生成消息密钥的时候，采用的是物理性质的、毫无规律可言的热噪声模拟信号。“Parker”APP，如果不将全部密钥按照循环后移的方法进行解读，是无法解读数据的。在不知道密钥的情况下，即便是最先进的电子计算机，按照循环后移的方法进行解读，也需要几万亿年的时间。

另外，通讯数据还设置了修改权限，保证了数据的完整性。系统还会验证传输的数据是否来自真正的发送方，从而保证数据的真实性。必须满足安全保障的三个原则——保密性、完整性、真实性，才能够构建真正安全的物联网平台。Dust Networks 从芯片的集成电路和通信协议两方面着手，确保了数据的安全性，使得用户可以放心使用。

在安装传感器的时候，如果无法保证安全性的话，那么只要出现一次失误，整个服务就会被迫中止，所有的传感器都要收回。智能停车公共服务平台的长年安全运转，足以证明 Dust Networks 技术的安全性。

降低数据中心的耗电量

接下来要为大家介绍的成功案例，是美国 Vigilent 公司的数据中心空调节能控制系统。

Vigilent 公司的这套系统，在 2015 年 12 月英国伦敦举办的通信设备展会“Total Telecom Festival ”上，获得“物联网奖 2015（Internet of Things Award 2015）”的“最佳解决方案（Best Turnkey Solution）”奖。此处“Turnkey”的意思是客户在操作系统的时候只需“用钥匙开锁”就行了，也就是说，只需最低限度的知识技能和操作过程。

至于该系统的作用，是对数据中心内部空调节能系统的控制，调节数据中心内部服务器的温度，在不影响服务器使用寿命的前提下，减少 30%—40% 的电费支出。

像谷歌、微软、亚马逊等提供网络服务的企业，其数据中心都有大量的服务器。2013 年，时任微软 CEO 的史蒂夫·鲍尔默曾公开声称，微软有多达 100 万台的服务器。虽说谷歌目前没有对外公开有多少服务器，但是在 2010 年谷歌拥有的服务器数量就超过了 100 万台。估计现在应该拥有多达 300 万台的服务器。

在数据中心的成本支出当中，55% 是服务器等设备的折旧，15% 是建筑物和土地使用权的折旧，余下的 30% 当中，电费和人员薪资各占 15%。也就是说，如果能够减少 33% 的电费支出，那么数据中心的总支出成本将减少 5%。

各企业的数据中心为了减少电费支出，可谓是想尽了办法，比如说利用白天和夜晚电价不同这一点。像谷歌这样的企业在全世界有几十个数据中心，利用美国西海岸与东海岸 3 个小时的时差，由电力计费便宜所在地的数据中心集中处理数据。

Vigilent 公司采用了完全不同的方式，通过极为精密的传感器，对机房的温度进行实时监控，从而达到减少电费支出的目的。具体的情况如下所述。

在服务器的零部件当中，有稳定电压作用的大容量电容器。电容器的温度每上升 10 度，其使用寿命便降低一半。而且，服务器的核心部件——处理器的功耗为 150 瓦，温度较高。由于在服务器当中，温度较低的电容器和温度较高的处理器相邻，所以就必须安装散热风扇。

散热风扇排出的热气通过空气对流上升到机房的上部，如此一来室内温度就会不断攀升，必须用空调对整个机房进行制冷。服务器排放的热风与空调的冷风相互作用，从而保持了室内气温。如果对室内温度进行精密监控，就会检测出温度什么时候过高，什么时候过低。

Vigilent 公司在服务器支架上，每隔 3 米安装了一个电池驱动温度传感器。另外，每一个传感器下面再用连接线垂直串联 2 个传感器，从而检测纵向 3 个区段的温度。如此一来可以收集到 3 个格状空间的温度数据，由此便可以实时把握各区段的热点（hot spot：局域性温度较高）和冷点（cold spot：局域性温度较低）（图 2-3）。

掌握了各区段的温度之后，可以通过计算模拟气体流动，从而得知空气如何对流。再通过调节空调的温度和风速，避免机房过热或过冷，从而在不影响服务器使用寿命的前提下，减少空调的电费支出。

图 2-3 NTT FACILITIES 数据中心空调控制系统

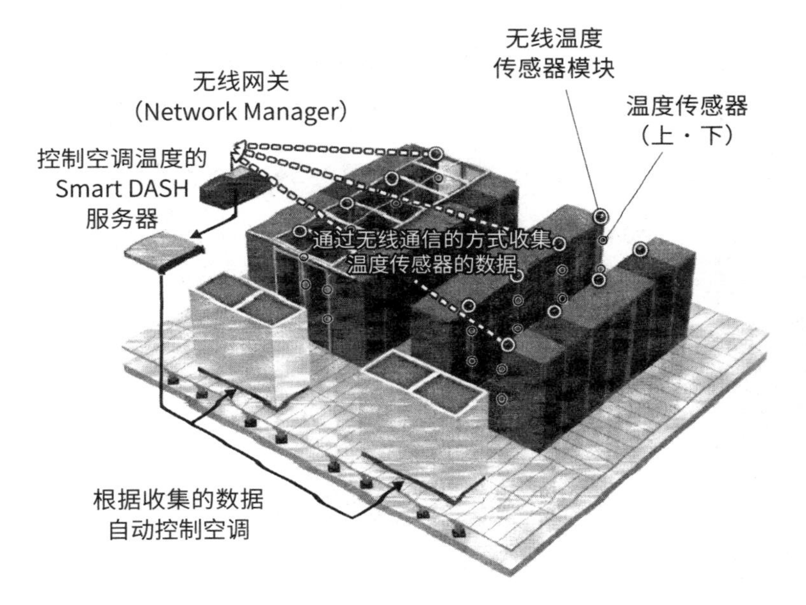

NTT FACILITIES 数据中心的空调控制系统 Smart DASH（由美国 Vigilent 公司研发），将数据中心内部分成 3 个空间区域，根据温度传感器实时监控，控制空调温度，避免温度过低造成电力浪费。图片由 NTT FACILITIES 提供。

“放在那儿就不用管了”，获得好评并获奖

Vigilent 公司的这套系统，如前所述，之所以能够获得“最佳解决方案”奖，是因为 Vigilent 公司的这套系统只要安装了就会有效果，“放在那儿就不用管了”，获得了如此广泛的好评。像这样无须操心的系统，也就意味着其技术难度之高。实际上，机房内部金属装置随处可见，而金属能够反射电波。反射电波和直射电波相互抵销，就会给多径衰落现象创造环境。

一旦发生多径衰落现象，即便通信设备之间无阻挡物也无法传输数据。并且由于发生这种现象时，通信设备往往只需移动几厘米，信号强度就会发生很大变化，不实际安装的话，根本不知道到底会怎么样。为了能够在这样的环境下实现“安装之后放在那儿就不用管了”的效果，Vigilent 公司采用了 Dust Networks 的无线多跳网络 Smart Mesh 技术。Smart Mesh 能够在网络连接时对肉眼无法识别的多径衰落现象进行自动判别，是一种值得信赖、接续性强的通信架构技术（图 2-4）。

图 2-4　网络拓扑结构，
星型网络、网状网络和树型网络之间的比较

（a）星型网络

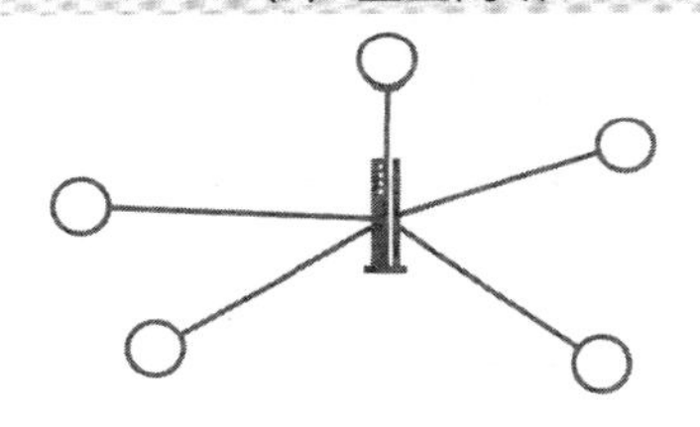

（b）网状网络

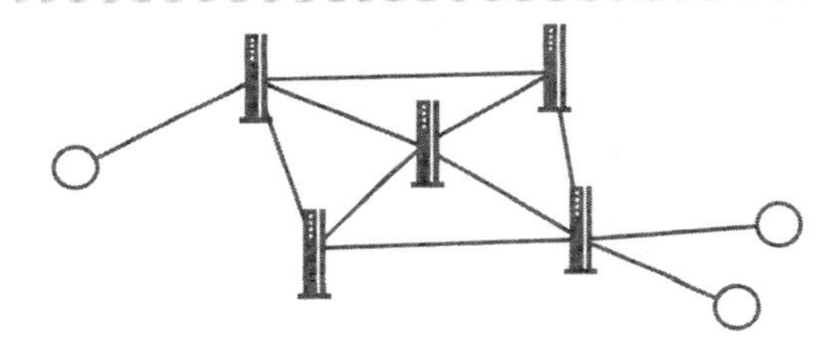

（c）树型网络

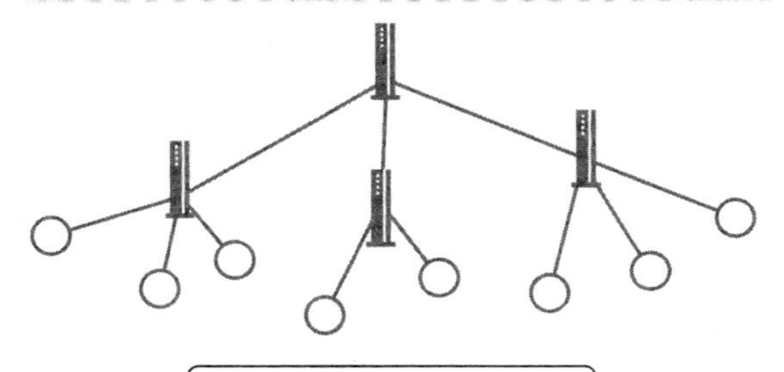

路由器　○ 终端节点

在 Smart Mesh 技术下，传感器节点数量越多，通讯信号越强。因为，利用网状网络产生的通信信道的数量，是节点数量的 2 倍。由于选择了能够实现无线通信的通信信道架构的网状网络，所以在多径衰落现象多发的环境下，通信信号仍旧很强。这就意味着在架构传感器网络的时候不用在意无线通信环境的好坏。即便是周围通信环境发生变化导致通信信道的改变，网状网络也会自动进行调节，选择最佳信道，长期使用也不会感到麻烦。

像无线局域网或者其他近距离无线通信方式，将所有传感器节点连接到一个接入点，也就是所谓的星型网络，这种方式不可避免地会受到多径衰落的影响。如果采用这种方式，那么事先必须由专家使用专门的测试仪对无线通信环境进行检测。另外，即便是安装完成后，一旦周围通信环境发生变化，原本正常通信的传感器节点也会中断，这时候还得让专家再进行检测。

有多达几十名客户对我说，物联网无线传感器网络之所以难以推广，就是因为用起来麻烦，时不时还要重新设置。为了解决这些问题，Dust Networks 的 Smart Mesh 技术在广泛的应用领域架构了大规模的网络，长年地进行实验（图 2-5）。

图 2-5　通过网状网络系统，达到节能省电的目的

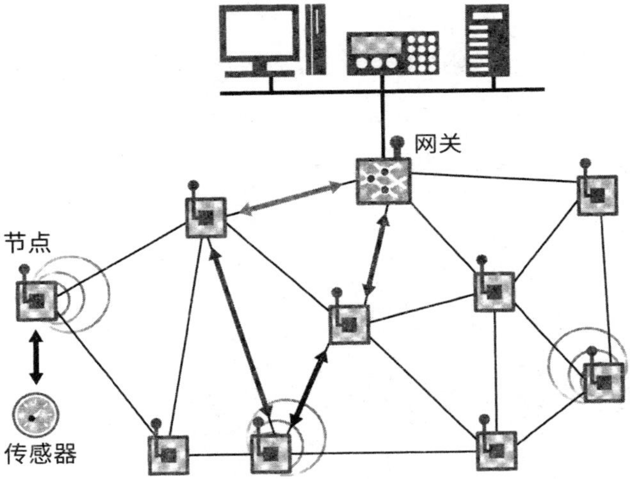

一个网关接口、多个节点构成的网状网络。根据各节点的数据，在一段时间内输送冷气，可以有效地减少电力消耗。

综上所述，Vigilent 公司研发出了安全省心的控制系统，并对此信心十足，大胆地引入了收费模式——“Vigilent 公司提供的节能控制系统将持续为贵公司服务。为此，我们将收取最低限度的服务费，这仅仅只是因安装该系统而节省的电费的一部分。”

用实际成效来换取服务费，在保证系统能够持续运行的

前提下，不失为物联网平台服务的一种不错的收益方式。

必须要有足够的自信保证系统的稳定，这样一来即便是在设备投入固定支出的基础上，未来将节省下来的电费的一部分作为服务报酬，对用户来说也没有任何损失，用户将更愿意引进这套系统。

早在25年前就实现了物联网相关技术的艾默生公司

最后要给大家介绍的物联网成功案例，是设备管理系统业内最大的企业——艾默生过程控制有限公司（Emerson process management）的无线传感器网络系列产品——艾默生智能无线解决方案（Emerson Smart Wireless）。

实际上，在很早以前，在“物联网”这个词汇还没有出现之前，炼油厂、火力发电站、化学车间等企业为了缩短停工期，提高生产效率和安全生产意识，就已经开始使用传感器了。

在室外环境下，一个占地面积广阔的支架结构，内部有储存液体、气体原料的罐子，还有连接的管道以及输出泵等设备。我们将这些称为“管道支架”。管道内的液体、气体温度不等，有着极高的毒性和可燃性，一旦泄漏后果不堪设想。管道内的热量和化学反应以及管道活动部件的磨损，会造成管道的损伤。为了避免事故的发生，必须全天候实时监控。

另外，还涉及了蒸馏、燃烧、冷却、合成等一系列的流程。为了保证各流程的稳步进行也必须实时监控，控制设备维持最佳运行状态。无论是监控还是控制，检测温度、压力、流量、水位等的传感器是必不可少的。

安装了传感器的工厂，可以用四个以“d”开头的英文单词来形容其环境，分别是 dull（沉闷）、dangerous（危险）、dirty（脏污）和 distant（偏远）。无论怎么看，这里都是不适宜人们活动的地方。实际上，从那些拍摄的现场照片来看，确实找不到人的影子。人们把传感器安装在这样的环境里，然后待在舒适的中央控制室里面，对设备进行监控和控制。

以前，人们是通过线缆与现场的控制室连接，将传感器连接上“DCS（Distributed Control System）”这种分布式控制装置。由于距离较远，需要在日晒雨淋的室外环境下布置几百米长的线缆。为了保证能够长期使用，必须砌筑专门的沟渠来埋设线缆，工程量很大。

设备往往不是一次性安装就可以了。为了保证作业安全以及减轻对工厂周边环境的影响，往往会添加新的程序。这个时候，原先无须监控的设备也要加以监控。于是又要在原先砌筑的沟渠内增设线缆，这样一来施工成本也不容忽视。

另外，随着市场的不断变化，原先安装的设备所生产的产品往往就会失去市场竞争力。这时为了生产更高收益的产品，需要进行设备改造。于是又要添加新的设备，移除一部分不需要的设备，工程量非常大。在更换传感器的过程中，线缆的埋设是工程规模大、造价高昂的主要原因。

而业内最大的企业——艾默生过程控制有限公司的艾默生智能无线解决方案，是能够从根本上改变这种状况的无线传感器网络系统。传感器若要采用无线通信方式，那么就得有无须外部电源供电的电池以及带有传感器数据输出的无线网络。

由于现场往往是高空等危险的场所，更换电池需要较高的成本，所以电池的更换周期越长越好。于是专门设计了用于危险场所的传感器，可以保证长期持续传输数据，更换周期长达 5—10 年。

石油、天然气一类的化工设备，往往建设在油田、气田附近，或者沙漠等自然环境恶劣的地方。由于电池利用化学反应来产生电力，因此会受到周围环境变化的影响，出现电池性能下降、快速放电等现象。在这样的环境下，为了保证电池的更换周期，在设计上会尽量使用寿命更长的电池。

传感器数据的无线传输，是一个必须满足苛刻条件的技术性难题。

一方面，必须要有较高的可靠性。必须要保证传感器在传输数据的过程中不出现数据丢失、传输错误的现象，并采取避免遭受来自黑客的恶意病毒攻击的防御措施。另外，在增设新的设备时，在周围电波环境发生变化的情况下，技术上必须要保证能够适应新的环境持续通信。

另一方面，必须要保证作为驱动能量源的电池不会消耗过快。为了保证传感器能够在 5 到 10 年内持续工作，无线传输消耗的电力必须要控制在最低程度。那么，电池的电量消耗预测就显得尤为重要，如果不能对电池的电量消耗加以预测，那么无论是设计还是应用都无从谈起。

实际上，同时满足上述两个条件是非常困难的事情。往往在满足第一个条件时会造成耗电量的增大，从而导致第二个条件无从谈起，反过来也是一样。为了解决这个两难的问题，艾默生过程控制有限公司选择 Dust Networks 作为技术合作伙伴。

制定了行业标准——Wireless HART

作为业内的领头羊，艾默生过程控制有限公司研发了相应的无线设备监控系统。为了将该系统推广给业内其他企业，艾默生公司制定了相应的国际标准——Wireless HART。Wireless HART 被现场设备行业标准制定团体——HART 通信基金会在 2007 年 9 月发布的 HART7 所采用。2008 年秋，艾默生推出了符合 Wireless HART 标准的系列产品（图 2-6）。

图 2-6　符合 Wireless HART 标准的系列产品
艾默生智能无线解决方案（Emerson Smart Wireless）

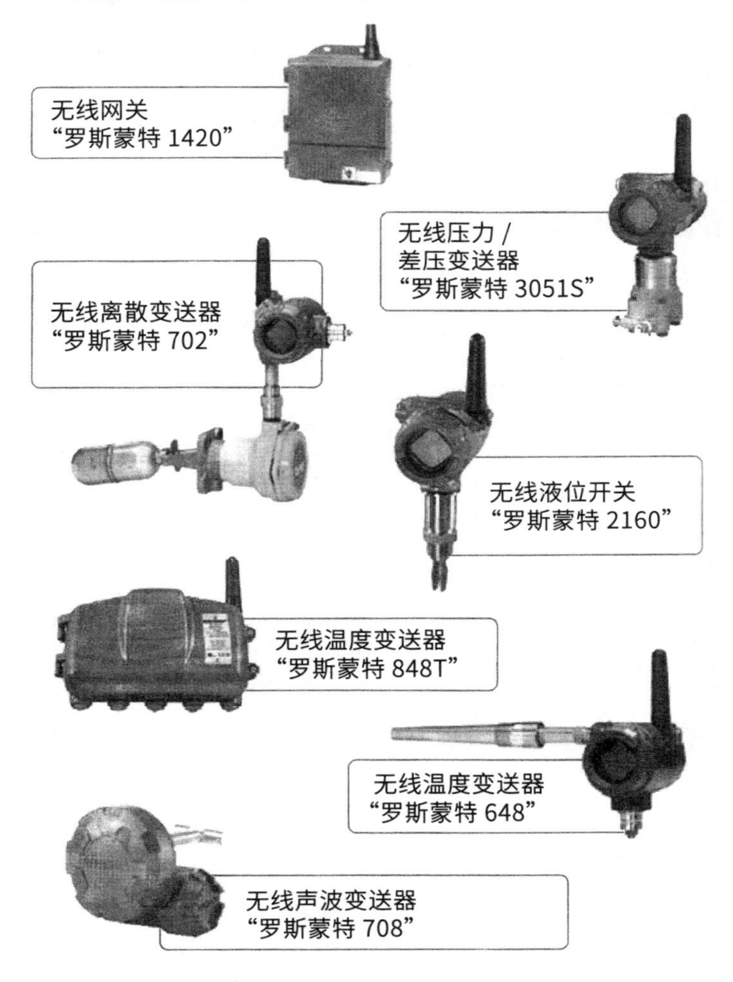

图片由美国艾默生电气集团提供。

自从 Wireless HART 标准制定以来，相应的设备管理装置以不可思议的速度迅速推广开来，得到广泛的应用。单以艾默生过程控制有限公司来说，截至 2010 年为全世界 1 200 家工厂架构无线网络，到了 2014 年为超过 19 500 家工厂架构无线网络，已销售了超过 20 万套无线网络传感器装置。如果将这些传感器装置的工作时长加在一起，总时长将超过 35 亿个小时。

不止艾默生一家企业开发了符合 Wireless HART 标准的产品。为了能够形成业界事实标准，必须要有包括竞争对手在内的多家企业推出符合标准的产品，形成一个大的生态系统。Wireless HART 标准就是这样一个情况，在过程控制体系领域内，居世界领先地位的 7 家企业当中的 5 家企业纷纷推出了相应的产品。要想形成事实标准，广泛的产品应用和大量的用户都是必要的条件，换句话说，必须让客户有更多的选择，客户才更容易接受。

物联网近距离通信的五点要求

前述3个成功案例，在近距离通信方面都采用了Dust Networks的技术。接下来为大家总结一下，物联网近距离通信的五点要求：

（1）传感器安装地点的自由度。由于传感器要安装在检测对象附近，那么无线通信环境的好坏是无法选择的。因此无论安装在什么地方，能够自动选择最佳信道架构网络才是重中之重。

（2）通信的可靠性。好不容易安装好了传感器，结果数据传输时断时续，那么就会影响客户对该系统的信赖度，导致服务价值低下，所以通信的可靠性很重要。

（3）消耗的电力要控制在最低限度，能够对电池的电量消耗加以预测。系统发挥作用之后，在设备维护方面最大的支出就是更换电池的费用。在设计的时候要考虑到电池更换周期，减少维护费用。

（4）自动调节适应环境的变化。即便是在无视通信环境优劣的情况下安装新设备，也不能降低客户的信赖度，因此能够自动调节的通信网络技术尤为重要。

（5）确保数据安全。数据安全是服务能否存在下去的重点。

作为物联网平台服务的最后一公里，近距离通信必须要满足上述五点要求，从安装、应用到维护，对产品寿命周期成本加以管理，才能提供长期的、有价值的服务。

第❸章

物联网在制造业的应用

本章将要给大家介绍的是类似的领域，制造业当中物联网平台的应用。

物联网在制造业应用方面，要数德国的工业 4.0 和美国通用电气公司（GE）主导的工业互联网最为有名。二者都采用了物联网技术，但是所达到的目标却有很大差异。

德国的“国策”——工业 4.0

工业 4.0 的长远目标是提升制造业的整体生产力，保持德国制造业的长期竞争力。与之相对应，工业互联网的目标是为制造业提供机器设备服务，以达到扩张商业版图的目的。

另外，二者达到目标所需的时间跨度各不相同。工业 4.0 预计在 2035 年实现产业政策的预期目标，工业互联网则是企业之间的合作，要在短期内取得具体成果。虽说二者达到目标所需的时间跨度不同，但是在物联网数据分析方面却是相差无几。接下来我们将为大家逐一、具体地介绍二者的特征。

工业 4.0 是由德国总理安格拉・默克尔推动的作为德国“国策”的保持制造业长期竞争力的政企学合作战略。

为了完善社会保障体系，德国的税收和人员薪资一直居高不下，与亚洲国家相比，在劳动密集型产品生产成本方面一直处于劣势。比如，2005 年末，西门子退出了手机业务。如今德国在制造业方面具有竞争力的企业主要有持有梅赛德斯 - 奔驰品牌的戴姆勒公司、宝马、奥迪等汽车制造商，博世等车载电器制造商以及以西门子为代表的工业机械制造商。

除了上述大企业之外，占德国企业约 90%、从业人员 500 人以下的企业也是工业 4.0 的涵盖范围。这些企业在特定的零部件和机械设备方面进行专门的研发、改进，在某些专门领域拥有优势技术。即便是上述大企业，如果没有这些骨干企业提供产品技术服务，也无法构建自身的生产线。

制造业之所以能够占据德国 GDP 的 24%，与众多在专门领域拥有优势技术的企业不无关系。如果这些企业在国际市场上竞争力下降，那么必然会导致德国的经济失速。

但是话说回来，与西门子等大企业相比，这些企业资金实力不足，在工业 4.0 项目上基本没有独立的软件开发能力。

那么由德国政府牵头，推进软件的标准化，则可以实现让这些企业在技术层面获益的目标。

“连接”“替代”“创造”

关于如何能够让德国制造业在21世纪持续保持竞争力，企业资源计划（ERP）系统领先企业——德国SAP公司前CEO、德国国家科学与工程院院长孔翰宁博士提出了围绕着“连接”“替代”“创造”三个概念的工业4.0解决方案。

“连接”“替代”“创造”三个概念中的“连接”，指的是实现企业之间安全的数据交换环境以及企业内部生产设备搭载物联网平台，从而更好地把握机械设备的运转状态，使得与运维、流通、物流等其他业务流程之间连接更顺畅。并可以以真实世界为原型，通过电脑服务器加以模拟。如此一来，可以在电脑上高速、反复地进行模拟试行，从而将最佳答案反馈给真实世界，使生产系统处于最佳状态。我们将其称之为“信息物理系统（CPS，Cyber Physical Systems）”，这是物联网与人工智能相结合的产物。

信息物理系统如何运用，我们以德国汽车产业为例进行讲解。在德国的汽车行业当中，梅赛德斯－奔驰、宝马、奥迪等高档车具有较强的市场竞争力，然而要想保住市场地位，必须能够按照客户需求灵活地、高效地组织生产。另外，短时间内满足客户需求的大规模定制（Mass Customization）[①]变种变量生产也是今后必须要考虑的问题。那么，客户需要什么产品、需要哪些零部件以及加工组装设备的运行状态等真实世界的实时信息就显得尤为重要。

为此，无论是汽车生产商、电子产品生产商、零部件生产商，还是门店、销售商，供应链各环节的实时信息传递畅通尤为必要。在此之前，仅仅只是企业内部和部分企业之间的信息流通，而工业 4.0 当中“连接”的概念，则指的是包括制造商在内的整个供应链的信息畅通。

① 大规模定制：订制产品具备与量产产品同等的生产效率。

在这种情况下，作为各企业竞争力源泉的技术信息、商业信息、专有技术是绝对不能泄露给其他企业的，信息的安全性就显得尤为必要。将竞争领域和协作领域明确地区分开来，协作领域的信息作为共享部分，与所有德国企业共享，乃至将这个共享的战略推广到整个欧洲，甚至是美国和日本。

第二个概念“替代”，指的是以“智能机器人＆智能设备”为核心的、与传统方式相比更具效率的方式。3D打印的应用就是一个典型的例子。

所谓“3D打印”，指的是在电脑上3D建模，依据断面形状，用塑料或金属材料层层叠加喷绘而成的物体。不仅不需要模具和治具，就连切削加工无法制作的中空配件也能够一次性完成。

3D打印的应用，大大地缩短了原本颇费功夫的、高强度的精密金属零部件制造所需的时间。比如说，3D打印制作的金属零部件在西门子的主要业务——燃气轮机的燃料器修理方面的应用以及在英国劳斯莱斯航空喷气发动机的轴承外壳上的应用。

至于第三个概念“创造”，则是一个更高层次的概念，指的是通过大数据分析，对未来的市场需求加以预测，从而达到设备投资最优化的目的。还有对消费者的需求进行分析，从而达到研发投资最优化的目的。将通过物联网平台采集的数据，与之前收集的数据相结合，能够从之前无法做到的整体最优化的角度进行分析考虑。

由此可见，工业 4.0 是涉及包含德国制造业在内的各个产业、具有长期发展方向的产业政策，所以从目前来看还是一个很抽象的事物。另外，迄今为止积极参与进来的企业，主要是软件公司 SAP、电器制造商博世、产业设备制造商西门子这一类的大型企业。

SAP 是德国最成功的 IT 企业，其所开发的财务软件能够帮助用户实时掌握销售额、成本等财务信息。工业 4.0 的提出者孔翰宁就是 SAP 公司的前 CEO。SPA 的主营业务为销售额与成本的实时管理系统，目前正在向更广阔的智能工厂技术架构领域进军。

对于博世和西门子来说，利用德国各中小型产业设备制造商生产的产品构建自身的生产线，以及在不久的将来，将自身的客户譬如电力公司、汽车制造商纳入到供应链系统当中的时候，自身的产品能否成为供应链上的一环就显得尤为重要。为此，规定数据交换的方式并形成协作领域的标准是不得不考虑的问题。

通用电气公司在物联网时代背景下的重大转型

与之相对应的，美国通用电气公司主导的工业互联网则显得更为具体。

通用电气公司的 CEO 杰夫·伊梅尔特在 2011 年曾公开表示，“通用电气公司将成为一家软件和数据分析公司”。近年来，通用电气公司将业务重点转移到了基础设施领域，那么与客户维持长久关系就显得尤为重要。于是竞争的核心就不再是之前的硬件销售，而是侧重于软件方面。杰夫·伊梅尔特的言下之意是，如果公司在软件领域的竞争中无法取胜，那么不久的将来在信息技术方面就要落后于其他企业，公司的产品将陷入危机。

出于这方面的考虑，2011 年，通用电气公司在美国加利福尼亚州圣拉蒙市投资 10 亿美元开设了一个最先进的软件中心——GE Softwear。该中心拥有 1 000 名软件技术人员和数据专家，开发能够正确管理通用电气公司工业设备传感器生成的庞大数据的软件。

5 年后，GE Softwear 软件中心研发的软件和数据分析技术被应用于各个领域，单单数据分析业务每年就能够为通用电气公司带来近 10 亿美元的收益。

通用电气公司在包括 140 万台医疗设备、28 000 台喷气发动机在内的总价值 1 万亿美元的设备上安装了合计 1 000 万个传感器，每天生成多达 5 000 万条数据。同时，通用电气公司对这些数据进行采集和分析，从而确保设备能安全高效运转，尽可能地减少故障的发生和缩短停工期。

接下来，我们以占据全球 60% 以上市场份额的通用航空喷气发动机为例进行详细讲述。每一台通用航空喷气发动机上都安装了数百个传感器，采集发动机各部位温度、震动、燃料消耗量等详细数据。原本安装这些传感器只是为了检查发动机有无异常情况，如今将这些传感器采集的数据通过软件加以分析，从而衍生出新的服务项目。

软件使企业盈利

接下来将为大家介绍两个新的服务项目。首先是“飞行效率（Flight Efficiency）”服务项目，这是一个面向航空公司的节省燃料消耗的理想的运行方案。通用电气公司在签订发动机维护合同的时候，为了安全考虑，必须要了解除发动机以外的各机体数据。根据以往的飞行经验和技术，分析飞机各项数据，从而给出燃料高效利用的最佳飞行方案。

一般来说，全球各家航空公司都只拥有自持飞机的各项数据，然而与之不同的是，通用电气公司拥有全球60%以上的飞机数据以及相应的数据分析软件，故而能够提供各航空公司所需的飞行提案，以此换取报酬。

意大利航空公司是通用电气公司的客户之一。在通用电气公司提供的数据分析服务的帮助下，意大利航空公司每年节省了1 500万美元的燃料成本。马来西亚亚洲航空公司也同样每年由此节省了1 000万美元的燃料费，并因此称赞道：“哪怕只是节省1%，积累下来也是一个庞大的数字。”

全世界每年消耗航空燃油约 36 000 亿日元，如果这项改进服务能够推广到整个行业，那么带来的经济收益将不可估量。目前，以美国航空公司、美国联合航空公司、达美航空公司为代表的全世界 30 家航空公司也都成了通用电气公司的客户。这就是更全面的数据、更高的预测准确率带来的价值，是物联网大数据分析在商业创新方面一个绝佳的案例。

接下来再举一个例子，便是航空发动机故障预测服务的“预测性解决方案”。通用电气公司在将航空发动机交付给客户的同时就会提供远程监控服务，如今在工业互联网的基础上，这项服务得以升级。

安全飞行是航空公司的第一使命，那么相对于其他零部件，作为飞机的核心部件——航空发动机的检查、维护所要花费的时间和金钱是最多的。通用电气公司为此开发了一个软件，对安装在航空发动机上的数量众多的传感器采集的数据加以分析，从而在飞行的过程中做出判断，如哪个零部件什么时候需要更换，需要怎样维护。在飞机飞行的同时，就完成了发动机检查作业。然后根据数据分析的结果，可以在飞机着陆前，将需要紧急更换的零部件送到机场，与传统的着陆之后进行检查相比较，维护时间得以大幅缩短。根据美国运输部调查的数据，因为航班延误造成的损失，2013 年仅美国国内就高达 80 亿美元，这当中有 40% 是因飞机机械故障造成的。所以，在飞机着陆后能够以最快速度对航空发动机加以维护，具有极高的价值。

另外，事先知道需要更换的零部件，有助于提前制订维护计划。有关报道对通用电气公司的预测性解决方案的效果做出如下评价[①]。

航空发动机因长时间吸入粉尘而被腐蚀，不及时清洗维护的话会造成燃料消耗过大，但清洗维护又会造成维护成本增加。自从有了预测性解决方案，什么时候应该清洗维护就一清二楚了。

作为世界上最大的航空发动机生产商，此前美国通用电气公司一直专注于研发性能优越的航空发动机以及航空发动机的销售和售后维护。今后将拓展事业版图，借助物联网平

① 摘自 IT Leaders 的报道，《工业领域的安卓 /iOS 系统，美国通用电气公司的物联网平台服务》。

台，面向航空公司提供提高航空发动机使用效率以及维护方案的服务。

服务对象不限于航空发动机

此处列举的预测性解决方案，其服务对象不限于航空发动机，还包括燃气轮机、医疗设备、铁路机车等机械设备。这些方案的共同点就是基于传感器采集的数据对机械设备加以监控，查明设备有无异常状态，何时安排维护，并将这些信息传达给设备管理者。

另外，预测性解决方案的应用程序是在 Predix 操作系统上运行的。实际上，Predix 就像手机操作系统一样拥有广泛的用户，并为此开发了许多基于该系统的预测性解决方案应用程序。这就是通用电气公司将成为一家软件和数据分析公司相关的最重要战略。

为此，2015 年通用电气公司决定对外开放 Predix 系统，从而让包括同行业其他公司在内的所有企业都能够运用这款操作系统。据之前的相关报道，关于 Predix 操作系统以及对外开放这一系统，GE 航空集团的 CTO 戴夫 · 巴特利特曾做过如下说明：

平台只有被众多人利用才能体现出价值。也就是说，唯有客户和合作伙伴在平台的基础上开发相应的软件，这样才算是成功。这就是 Predix 对外开放的原因所在。通用电气公司将 Predix 定义为“工业领域的安卓”“工业互联网的通用语言”。我们不对其用途加以限制。除了航空发动机等设备之外，检测装置、可穿戴设备、机器人技术领域都可以使用。

各企业可以针对自持设备，在 Predix 平台上架构自有软件。照此发展下去，未来全世界各种各样的机械设备在运作期间都会连接在一起，从而开启一个新的时代。从目前来看，通用电气公司将以物联网为契机，彻底地改变原本的制造业商业模式。

不过话说回来，要想让 Predix 操作系统成为工业互联网的标准，仅凭通用电气公司一家企业是很难做到的。于是，通用电气、IBM、英特尔、思科、AT&T 在 2014 年 3 月成立了工业互联网联盟。这是一个以通用电气公司为首的，由信息技术、半导体、通信装置、通信业务领域的大企业组成的生态系统。

这个联盟后来又吸收了日立、三菱电机、东芝、富士通等日本企业，目前会员企业数量已超过 100 家。不过归根结底还是一个以通用电气公司为核心展开商业活动的企业联盟。

日本制造业应当如何应对

前面给大家讲述了德国、美国制造业的现状。那么日本的制造业应如何看待眼下的这股潮流？从那些工厂经营者和知识分子的评述中可以看出，有的人为此感到焦虑："我们必须要做点什么。"也有的人对此很有自信："日本的制造业一直都处在世界领先地位，生产力也在不断提高，因此我们只需要学习国外的优点就可以了。"那么面对这股世界潮流，日本制造业应当如何应对?

以丰田为代表的日本汽车制造商，通过长年累月的改进，拥有着尖端的生产技术，因此不仅在日本国内，还在海外开办工厂，生产的汽车品质优良，得到了国际市场的认可。

有人说:“日本制造业的优点就在于工厂的强大。”而工厂的强大，是由自动化生产线和生产线上从业人员的技术两部分支撑的。工厂将整个生产线分解成几个部分，这当中，制造零部件的前一工程是“上帝”，制造产品的后一工程是“顾客”，最后还有一个工程是防止不良品流出。

著名的丰田生产方式当中有两个概念，分别是避免制造不良品的自动化和准时制生产。

有一点值得注意的是，丰田是工作的自动化，而不是移动的自动化。所谓工作的自动化，是指当生产设备发生故障时机器自动停止，与此同时安装在生产线上的故障报警器会示警，工作人员会迅速查明故障原因，从而找出相应的解决方案。

唯有实现了生产线各流程不制造不良品的自动化，才能够实现另外一个概念——准时制生产。

准时制生产的目的在于缩短生产所需时间(交货期)以

及减少各环节的零部件、半成品的库存量。于是，为了保证无论什么订单来了都能生产，各类零部件只保持少量的库存，仅满足前一工程所需。同样，前一工程也只生产后一工程所需的半成品。

这就是有名的“看板管理”。丰田自 20 世纪 70 年代以来，在工厂以及零部件供货商的协助下，大大地提高了汽车生产效率。如今，“看板管理”早已成为丰田企业内部各流程以及各企业之间的生产管理体系。

由此不免让人觉得，德国的工业 4.0 是不是已经在丰田实现了？确实如此。以丰田为中心的企业链，早已实现了工业 4.0 当中“连接”的概念。

对于未预料的故障，要及时发现故障发生前的征兆

既然如此，那么是不是什么都不用做了？实际上并非如此。丰田生产方式是将生产设备、工人、未完成的产品与生

产管理数据连接起来，形成供应链内部封闭式的体系。而工业 4.0 的目标是要将德国产业界所有企业的数据标准化、开放化。同时工业 4.0 是要增加采用开放数据格式、数据协议的设备生产厂家，由此来实现原本实现不了的生产系统。

要说新的生产系统，及时发现故障发生前的征兆、“让工厂不停工”的发那科公司就是一个典型的例子。另外还有“收集人为操作的数据，减少无用功”的例子。

在上述自动化的进程中，智能化工业机器人所发挥的作用无比巨大。早年，即便是设备发生故障，开始生产残次品，机器人也发现不了，于是造成大量的残次品被生产出来，为此只能安装传感器，对设备故障加以监控，从而避免此类事件发生。

另外，即便是机器人及时发现了设备故障，暂停生产线，机器空转（暂停运转），也会造成生产效率的下降。于是人们开发了具有“感觉”“反应”“思考”这几种功能的智能机器人，机器人可以自行做出最佳判断，从而进行改变流程等操作。

随着智能机器人的发展，近年来生产设备暂停运转的发生频率大为减少，只有原先的 10%。然而要想将剩下的 10%

也降为 0，那么对机器人未预料到的故障，就必须要及时发现故障发生的前兆。

这对于 GE 航空集团在航空发动机维护方面所使用的机器人也同样适用。早在 2016 年夏天，发那科公司就开始着手改进公司自产的工业机器人故障事前诊断、通知服务的功能。

金属物体的损伤、磨损检测

一般来说，机器人等驱动设备都是以电机作为动力源。电机在磁体和电磁铁之间的排斥力的作用下驱动转子绕轴转动，从而获取动力。转轴一般以轴承为轴，通过齿轮减速机获得所需的扭力。

而轴承、减速机的零部件——钢珠和齿轮一般都是金属制品，持续的压力会造成磨损和金属疲劳。于是，人们利用声发射传感器（AE 传感器）对此加以检测。

AE 传感器是基于压电陶瓷振动发电的振动传感器，可以灵敏地捕捉到数十千赫的高频振动。由于 AE 传感器能够检测出金属物体的损伤、磨损，所以一直以来在吊桥支柱老化、货车轴承老化的检测方面得以广泛使用。

由于正常运转时的振动波形与发生故障时的振动波形存在差异，故而定期的检测可以及时发现故障发生的前兆。人们将这个原理用在了机器人故障检测方面。

工厂里工作的机器人，由于长期的机械磨损，和新的机器人相比，金属构件有一定程度的劣化。于是对于那些老旧机器人来说，及时发现故障发生的前兆就显得尤为重要。那么如何在这些机器人身上安装传感器呢？

工厂里使用的垂直多关节机器人，机械臂的关节处都安装有电机和减速机。由于电机是靠机械臂内置的配线供电的，那么在安装传感器的时候就有一个麻烦，那就是配线的问题。

如果说传感器的供电和数据传输靠外置接线的话，那么随着机器人的运动，线缆会遭受反复曲折。无论什么材质的线缆，如此反复曲折最终也免不了断线。电机没坏，传感器配线先断了，这简直是舍本逐末。于是，无线传感器就成了唯一选择。然而当 AE 传感器将数十千赫的高频振动数据数字化之后，由于数据量很大，在无线传输的过程中，有限的电池容量又成了一大难题。

就 AE 传感器的大数据传输方法，我和日本最大的 AE 传感器制造商——富士陶瓷的技术顾问稻叶秀弘进行了详细探讨。得出的结论是，在预定的时间进行检测，在无线传输的过程中只传输必要的数据，是最实际的方案。并且考虑到电池更换周期和数据回收两方面的问题，他也认为 Dust Networks 的同期操作方式是最合适的。

具体如何操作呢？首先将由传感器、处理器、无线通信模块、电池构成的传感器节点固定在电机或减速机上面。比如说，一台六轴机器人就要安装 6 个传感器节点。并且为了检测机器人各关节电机的运转情况，这 6 个传感器节点要在预设的固定时间间隔，同时记录一段时间如 10 秒内的传感器数据。

如果用 AE 传感器对 60 千赫的高频振动进行检测，那么 10 秒内，传感器节点会记录下 1—2MB 的数据。如果将所有的数据进行无线传输，那么需要花费很长时间，这时候就需要从 6 个传感器节点采集到的数据当中，选出最重要的一部分数据加以回收。如此这般，每天采集一次数据，就能够及时发现故障发生的前兆。

至于哪个时间段的数据比较重要，各个传感器节点的处理器会根据采集到的波形数据自行加以判断，从而将重要时间段的数据传递给生产线的服务器。接下来，服务器会基于这些时间段的数据进行判断，然后再指令 6 个传感器节点传回必要的数据，对数据加以分析，从而检测出异常状态。

然而在这个过程中，由于机器人的机械臂各关节自由活动，从而导致无线通信模块彼此之间的位置关系以及与周围的金属零部件的位置关系发生变化。这就是之前介绍 Vigilent 公司技术时讲到的多径衰落现象多发的环境。这个时候就必须灵活运用多条信道、多个不同频率的 Smart Mesh 技术。

在原有的生产设备上搭载故障预判系统，使得老旧设备在新技术的帮助下变成最新的尖端设备，这就是所谓的“老旧设备翻新”。这种设备翻新，今后一定会被各家工厂所采用。在一家工厂里面，往往会有多家设备制造商的设备。而这些设备的故障预判诊断只需一个系统就全部包揽，无须重复投资。至于这个领域当中，近距离无线通信的通用化问题，我认为用 Dust Networks 的技术就可以解决。后文会为大家介绍相关的 VManager 系统——在一家工厂，几百台设备及在这些设备的几千个活动部件上安装用电池驱动的、可长期工作的无线传感器，不受电磁波的干扰，能够稳定地收集相关数据。

在人工智能推动生产力的过程中，传感器数据的运用

接下来要为大家讲述的是“收集人为操作的数据，减少无用功”的例子。

在一家工厂里面，既有多年工作经验的熟练工，也有刚入职的员工，还有从海外招聘来的人员等各种各样、不同知识水平、不同技术水平的员工。另外，即便是人工智能迅猛发展的今天，机器人也只是依照事先设定的程序进行操作。

在这种情况下，为了进一步提高准时制生产方式的生产效率，如何减少工人及机器的等待时间就成了当前需要解决

的课题。与机器的运行状态无关，当工人不在的时候机器尚未停止，当工人在的时候机器尚不能开动，这就造成了时间的浪费。

持续地采集作业人员的操作数据，生产线的运作数据以及加工、组装的产品的生产效率、品质等的数据，然后对这些数据加以正确分析，就能够对人为操作和设备运作加以新的改进。

具体的内容将在后文加以讲述，该定位系统指在人的身上和物体上面安上微型的电子标签，从而对人和物体进行持续追踪的系统，在物流、仓储、医院等领域已逐渐被采用。而接下来要讲的是，在导入定位管理系统的情况下，如何运用人工智能去提高工厂的生产力。

谷歌收购的 Deep Mind 公司的人工智能，打败了欧洲围棋冠军。就在笔者写这本书的时候，Deep Mind 人工智能将挑战世界围棋王者——韩国棋手李世石，5 局定胜负，获胜者将得到 100 万美元奖金。与之相关的深度学习（Deep Learning）[①]技术，即只要输入正确的原因和结果的相关数

① 深度学习：基于人工神经网络的机器学习方法。人工神经网络是在拥有数十年历史的认知模型技术下，模拟生物神经网络的产物。

据，那么对于人类来说需要花费很长时间才能够解决的复杂问题，机器人只需很短的时间就能给出最佳答案。

或许在不久的将来，关于如何进一步提高工厂的生产力方面，就会有基于实际数据的人工智能，给出人员配置、各岗位职能及分配的有效建议的商业服务。通过物联网定位技术获取的数据，将会是给出判断的重要依据。无论是工业4.0还是工业互联网，在这个领域所要达到的目标是一致的。

至于数据的应用方面，在企业间协作的过程中可能会被竞争对手研究，这样会有两个截然不同的结果：有的公司因为拥有先进的技术在实际应用中无往不利；有的公司却因为不具备先进的技术而导致竞争失利。那么究竟哪个部分应该由公司内部完成，哪个部分可以依赖企业间的协作，这将是今后一个重要的研究课题。

第4章

利用有限的预算，维护交通基础设施

从国民安全的角度考虑，日本交通设施等公共基础设施的老化是一个迫切需要解决的课题。本章讲的是，桥梁、隧道、高架桥等基础设施如何与物联网这个看似不相干的领域结合起来，从而解决各种各样的难题，特别是“时钟同步”的无线通信网络对建筑设施全天候监控的重要作用（图 4-1)。“时钟同步”这个词，大家或许会觉得有点陌生。后面会详细地为大家讲解，眼下只需要记住这个词就可以了。

图 4-1　基础设施监控方面的应用

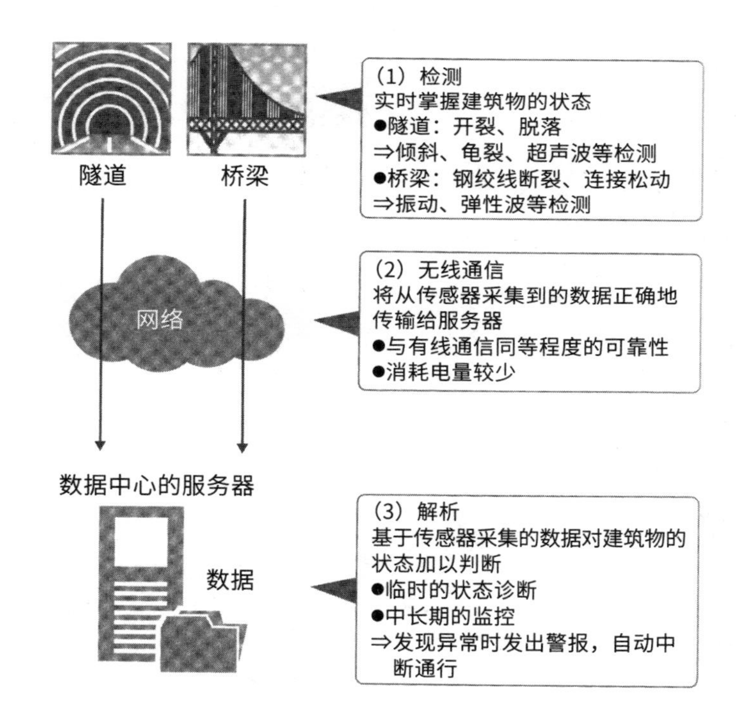

使用传感器对基础设施加以监控，需要在人们无法涉足的地方安装大量的传感器，然后将采集的数据进行远距离传输。为了避免配线带来的维护困难，选用电池驱动的能够长时间工作的无线传感器网络。以上图文摘自《日经电子》2013 年 4 月 15 日刊 30 页图 1，有所改动。

汲取笹子隧道事故的教训

日本有总价高达 800 万亿日元的交通基础设施。大家平日里在使用这些交通基础设施的时候，并不会感到危险，因为日本的交通基础设施是以安全闻名于世的。

然而突然有一天发生了事故。说到这里，大多数人都会想到中央高速公路笹子隧道的那次事故。笹子隧道事故，是作为隧道换气通道的天花板从 140 米的高处塌落造成的。2012 年 12 月 2 日发生的这场塌落事故，导致 9 人丧失了宝贵的生命。

根据事故调查委员会给出的结论，事故是由用来固定天花板的吊具顶部的螺栓的黏合剂老化导致的。另外，事故发生前不久的检查当中并没有发现问题，那么就说明事故发生前的检查工作内容以及维护管理体制有缺陷。

以笹子隧道事故为契机，解决交通设施老化的问题得以快速推动。最初是由安倍晋三首相担任主席的产业竞争力会议在 2013 年 6 月提出的以“构筑安全、便利且经济的下一代基础设施”为题的规划（方案）。文中指出，作为规划的阶段性目标，要在2020年左右针对日本国内20%的重要基础设施和老化基础设施，采用传感器、机器人、非破坏性检验等技术，进行有效的检验、维修。另外，作为规划的最终目标即要在2030年实现主要基础设施零重大事故的目标，针对日本国内所有的重要基础设施和老化基础设施，采用传感器、机器人、非破坏性检验等技术，进行高效的检验、维修。还有一点，作为在该领域具有领先优势的国家，日本要将这种高效的基础设施维护系统作为重要出口商品，力争占据国际市场30%的份额。

根据日本经济再生总部的预测，在检验维修方面，目前全球传感器市场规模价值5 000亿日元，预计2030年将达到10万亿日元。同时，全球监控系统市场规模价值将达到20万亿日元，全球机器人市场规模价值将达到2万亿日元。如果日本能够占据这个巨大市场的30%，那么就意味着将诞生一个在2030年出口总额高达10万亿日元左右的新的出口产业。

日本内阁接受了产业竞争力会议提出的规划方案，在2013年10月召开了基础设施老化对策的联络会议，并在同年 11 月制订了“基础设施长寿化基本计划”。

“基础设施长寿化基本计划”在提出“开发、引进基础设施维护、翻新技术，使该产业达到世界领先水平，强化日本产业竞争力”的同时，也沿用了前述产业竞争力会议中提出的规划，“采用传感器、机器人、非破坏性检验等技术，针对重要基础设施和老化基础设施进行有效的维护，要在 2020 年达到全部设施的 20%，2030 年达到 100%”。

我在关注交通基础设施维护的讨论、对策的同时，不由想到，我所要推广的 Dust Networks 技术在这方面能否起到作用。当我想研究公共基础设施监控技术，并为此收集情报的时候，找到了公共基础设施监控系统研究会。于是我立即入会并参加定期的例会，然而在会上我了解到了一些意想不到的事情。日本一些土木工程方面的专家称，“目前传感器监控方面的技术尚不成熟，达不到理想的效果，不能够满足现场需要”。

随着进一步的调研，我了解到，根据前述日本内阁制订的“基础设施长寿化基本计划”，日本国土交通省制订了具体的执行计划——“基础设施长寿化计划（执行计划）”，其中对传感器监控的尽早实施，给出了相当谨慎的意见。

关于传感器监控技术，“在技术的实际应用方面，有一些方向性的问题需要加以探讨”“在现场实证方面，要符合实际需求，能适应季节性变化”“关于监控数据与公共基础设施的损坏、老化的关联性，需要加以探讨”——给出了诸如此类的评述。

于是我去听了几次日本内阁政府推进的战略性创新创造方案（SIP），尤其是基础设施维护翻新管理技术的项目总监（PD）藤野阳三（日本国立横滨大学先端科学高等研究院的首席特别教授）的演讲，这才明白：“啊，原来是这么回事。”

藤野教授是建筑物安全性监控方面的权威专家，作为桥梁的负责人，长年从事桥梁安全性方面的技术研究。藤野教授最近曾说：“我是一个使用各种不同语言、在土木技术与其他尖端技术之间担任翻译工作的译者。”我对此深以为然。

这些土木技术人员在日本的基础设施建设、维护方面有着自己的骄傲，在建筑物的维护技术方面有着相当的自信。而迅猛发展的传感器、无线通信等尖端技术领域的技术人员却在思考：在建筑物老化方面，我们所掌握的技术怎样才能够起到作用。

藤野教授在了解两个领域的技术人员的想法的基础上，从中担任翻译工作。所以，听闻由藤野教授来担任战略性创新创造方案的项目总监，我对此感到很放心。“就像是在坂本龙马的斡旋下结成的萨长同盟一样，作为中间人的藤野教授必然能够将两个领域融合起来。”我对此很期待。也正是出于这个目的，才会有战略性创新创造方案出台。

耗资颇大的现行检测方法

现行的公共基础设施损坏、老化的检测方法，主要是目视检测和声波检测。笹子隧道事故发生后，自 2014 年夏季，所有的桥梁都必须经过目视检测和声波检测，这是一个耗资巨大、用时颇长的大工程。

日本全国高度在 15 米以上的桥梁有 159 000 座，高度在 2 米以上的桥梁有 70 万座。这些桥梁分别由日本国土交通省、各高速公路公司、各县市町村行政机构负责管理。自日本道路交通法修订之后，所有的桥梁必须在5年之内完成目视检测和声波检测。

问题在于施行的机构和人员是否有相应的专业技术水平。日本国土交通省、各高速公路公司都有充足的预算，计划可以有条不紊地进行。然而，由各市町村行政机构负责管理的桥梁不仅数量较多，而且缺乏专门的机构和技术人员，想要实施计划比较困难。实际上，有很多桥梁只是由各市町村行政机构的事务性公职人员目视检测一下而已，这占到了所有被检测对象的30%左右。

所谓“目视检测”，就是近距离目测，就是“将手能够得到的地方看一下”。这种方法说起来容易，然而做起来却非常困难。

首先，想要靠近检测对象就不是一件容易的事情。另外，即便靠近之后也不知道怎么看、怎么判断。对于长期从事桥梁检测的工作人员来说，一眼就能看出这个地方有问题，然而对于普通人来说，最多只是觉得这看上去很破旧。

日本国土交通省要求采用近距离目测的方法，在5年内将所有桥梁检查一遍，我对此表示理解。原因就在于，有的桥梁至今没有检查过一次。和不闻不问相比，即便是让事务性公职人员目视检测，从安全的角度来看也是不错的想法。然而，从能否起到实际效果的角度来考虑的话，我想到最近发生的一个事件，即 2015 年发生的横滨公寓楼倾斜事件。这是建筑公司为了赶工期伪造地桩数据造成的。归根结底，是管理方没有察觉到检查人员是在作假而造成的。

像现在这样采用目视检测的方法将所有桥梁检查一遍，其危险性不言而喻，说不定哪一天就会发生类似公寓楼倾斜的事件。

检查和监控二者互补

在桥梁等建筑物维护管理方面，检查和监控是互补的关系。像 5 年一次的检查这样的周期性检测，如果是由经验丰富的专业技术人员来实施的话，会取得不错的效果。另外，监控是全天候的机器运作，可以获得不间断的数据。

由于基础设施老化是一个漫长的过程，那么即便是5年一次的专家检查也没问题。但仅仅只是这样的话，必然会有忽视的地方。当基础设施受到重压的时候，比如说地震或是严重超载的卡车通行的时候，原本缓慢老化的基础设施就会受到急剧破坏。

然而谁也不知道，在接下来的5年检查周期内，这些基础设施什么时候会受到重压。另外，当基础设施受到急剧破坏的时候，比如说几辆严重超载的观光巴士从桥上驶过的时候，如果桥梁的老化程度恰恰到达危险线的话，那么就会有发生重大事故的危险。

利用传感器对桥梁进行日常监控，是防止此类事故发生的非常有效的方式。国内外很多人已经意识到了这一点，从而进行了大量的研究和实证分析。以美国为例，洛杉矶市的文森特·托马斯大桥就采用了大量的振动传感器加以监控。关于这个案例，前述的战略性创新创造方案当中就说道："根据持续获取的数据，在桥梁的交通负荷方面，一旦出现因疲劳损伤、突发性超负荷运行（自然灾害、人为因素）等造成不正常振动的参数，警笛就会鸣响。”

与此同时，日本国内方面，基于战略性创新创造方案，欧姆龙社会解决方案事业株式会社与东京大学的共同研究计划——《节能无线传感器在桥梁远距离持续监控方面的现场实证性研究》也在进行中。

这些直接安装在桥梁上的加速度、变位或倾角的传感器，对施加于桥梁各部位的力（应力）和桥梁的变形加以实时检测，结合温度、湿度、风速等环境要素加以分析，一旦发现异常状况，就会把相应的桥梁状况传达给管理人员。

我对藤野教授所采用的包括眼下正在进行的这个案例在内的尖端技术的实际应用抱有深深的期待。这些尖端技术应用与人为操作的目视检测、声波检测相结合，必然能够在基础设施安全方面起到很大作用。

关于监控方面的三点不必要的担忧

日本国土交通省担心的问题大致有三个——相关技术应用究竟能否得到真实有效的数据并起到真正的作用，用于监控方面的传感器设备会不会在基础设施损坏之前坏掉，以及能否在有限的预算内实现技术应用。然而实际上，这三个让人担忧的问题都不是问题。

首先，关于能否得到真实有效的数据这个问题，可以给出肯定的回答："能。"也就是说，监控系统能给出作为"判定桥梁存在安全隐患，需要限制桥梁通行"等重要判断的数据依据。

为此，大量的传感器同时采集数据就显得尤为必要。然而这种各部位时钟同步的数据，仅凭人工识别是无法得知发生了什么的，只有运用大数据分析才能够加以判断。所谓大数据分析，指的是输入大量的数据，从而找出数据的关联性和规律性的技术。

就桥梁来说，采集到的大量数据，其中包含了当时桥梁上各个点所受应力、根据应力得出的通行车辆的重量、桥梁支撑部位的变位、桥梁上各个点的加速度以及当时的气温、风速等信息。如果不是时钟同步的数据的话，那么就无从找出数据的关联性，故而时钟同步是必要条件。而无线通信技术则是实现时钟同步的必要条件，况且目前无线通信技术业已成熟。

那么第二个让人担忧的问题是什么呢？那就是基础设施都有使用年限，假如传感器设备在基础设施损坏之前坏掉，那么就无法起到维护管理的作用。由于桥梁是处于室外自然环境当中的建筑，这对于电子设备来说是极其恶劣的环境。不过话说回来，第2章中列举的艾默生公司的设备管理装置，就是能够在恶劣的环境下长年正常工作的电子设备。

在室外的自然环境下，电子设备的防水和耐高（低）温是避不开的课题。在防水方面，只要选用合适的电子设备防水盒，即可解决这个问题。至于耐高（低）温方面，只要采用能够在-40℃—85℃下正常工作的零部件，即可解决这个问题。采用工业级耐高（低）温材料，即可保证长期使用的可靠性。

关于传感器经过长期使用，其输出特性发生变化的问题，则必须购买通过可靠性试验的产品。电子设备的零部件当中，唯一会在低温下性能下降的是电池，应当慎重选择电池的电极材料，譬如锂亚硫酰氯电池，就能够满足长期稳定的需要。关于传感器各零部件选用方面的注意事项，已经在第 2 章智能停车场系统和艾默生解决方案当中为大家做过介绍了，相关问题也都被解决了。

至于第三个让人担忧的问题——能否在有限的预算内完成安装。实际上，在规模效益的条件下是可以做到这一点的。

基础设施监控系统由无线传感器节点和软件两部分组成。无线传感器节点由传感器、无线装置、模拟 IC、电池、盒子组装而成，属于可量产的产品。量少的情况下价格就高，因此如果量产，根据生产的数量一定程度上可以使成本降低。

比如，这几种零部件的成本全都降低到 2 000 日元，那么一个无线传感器节点的制造成本就是 1 万日元。一般来讲，各零部件的使用寿命为 10 年。假设生产商以 2 倍的价格出售，那么一个使用寿命为 10 年的无线传感器节点的价格为 2 万日元。一座桥梁安装 100 个传感器节点，就是 200 万日元。

由于软件研发是一次性研发、多次重复使用，故而随着安装数量的增多，单个的成本会随之减少。比如说，研发费用为 2 亿日元，用在 1 000 座桥梁上，那么平摊到每一座桥梁只有 20 万日元。

另外，每一座桥梁都必须配备将无线传感器网络采集的数据传递给服务器的传输装置，还有安装无线传感器的施工成本，这些加在一起大约需要 80 万日元，那么一座桥梁的监控系统所需的花费为 300 万日元。

假设这种服务器的运营、持续提供数据的服务以租赁的形式回收成本，那么地方公共团体每年所要支付的费用为 150 万日元。对于地方公共团体来说，这是一项新的必要的支出，从桥梁的安全性考虑，这笔支出很划算。假设在 10 万座桥梁上安装监控系统，那么每年的支出为 1 500 亿日元，仅占日本每年公共事业费的 3% 而已。

以上是以每座桥梁安装 100 个传感器节点来估算的。实际上有些小型桥梁，安装传感器节点的数量会适当减少，包括安装费用在内，成本也会降低。总而言之，在预期的规模效益的条件下，就不会出现因为预算不足导致监控系统无法实现的情况。

最好能够像大量生产的智能手机那样降低零部件成本，

以及像云服务器那样降低运营成本，那么服务成本将会降低到之前无法想象的程度。随着技术研发的不断深入，将会持续不断地朝着这个方向前进。

合理利用有限的电池容量的技术

那么，安装了 100 个传感器的桥梁，其监控系统在实际运行中由于安装的传感器需要持续工作 10 年的时间，其在电池的电量消耗方面又是怎么考虑的？关于这个问题，与一个重要的要素——时钟同步有关，接下来我将为大家具体说明。

无线传感器内置电池，可以设计为 2 节 3 号锂亚硫酰氯电池。这是根据传感器装置的大小、电池的成本以及 10 年的使用寿命计算出来的最合理的设计。

锂亚硫酰氯电池有着 4 安培小时的容量。如果放在那里不用的话，别说是 10 年，20 年后仍旧能够使用，它是一种使用寿命较长的电池。然而，每当传感器工作、无线数据传输的时候，电池的电量就会消耗。为了保证电池能够持续使用 10 年的时间，那么传感器采集数据时消耗的电量就必须尽可能地最少化。另外，传感器只能在必要的时候工作。

为此，如下几点是尤为必要的。

首先，传感器和负责数据处理、电源供应的模拟集成电路消耗的电量的最少化。关于这一点，零部件技术的进步起到了关键的作用。比如说，采用微机电系统（MEMS）[①]的加速度传感器等装置，这在智能手机的使用过程中消耗的电量就会大幅降低。还有为了实现应变计等装置的低耗电、高精度的性能，为此开发的高性能的模拟 IC。另外，几乎不消耗电池电量并给传感器和无线通信装置供电的电源管理 IC 等这些最新的技术设备都是必须采用的。

其次，负责数据输出输入的无线通信装置消耗电量的减少。无线通信是数据输出输入的必要手段。而在通信的过程中，数据输出端和输入端必须同时工作。为了实现这一

① 微机电系统：机械系统及电子器件、电路微小化的系统。

点，时钟同步尤为必要。在这里为大家介绍一个能够实现该功能的不错的设备，那就是 Dust Networks 的集成电路。

选择上述零部件，不仅能够保证必要的检测精度，而且能够最大限度地减少电量消耗。检测过程中消耗的电量可以降至 10 毫安。

假设用容量达 4 安培小时的电池来驱动该无线通信装置，由于 4 安培等于 4 000 毫安，那么该电池便可以连续工作 400 小时。于是，在接下来的 10 年当中，400 小时的电量该如何分配就是一个不得不考虑的问题。平均下来一年只能工作 40 个小时，一个月只能工作 3 个多小时。

这时，时钟同步就能起到很大的作用。

通过传感器对桥梁等大型建筑加以监控，可以获取桥梁振动情况的有效数据。除了不知何时会发生地震、强风等自然灾害之外，人为引起的桥梁振动一般是由车辆行驶所造成的。实际上，上述三种受力情况是造成桥梁受力的主要原因。

由此，我们可以选择在每天车流量最大的固定时间段采集 3 分钟的数据。1 个月当中传感器总共工作 90 分钟，每天将采集的数据传输给数据中心，从而进行大数据分析。按理说电池一个月供电 3 个多小时都没问题，而今只需要一半的时间就能完成检测工作。如此持续地对大量的数据加以分析，从而能够把握桥梁的状态。

如果要加大检测力度的话，可以每两天 1 次在不特定的车辆通行时间段，加以检测。还可以每周 1 次，选择在没有车辆通行的时间段，让专门的检测车进行检测。检测车车身两侧也要安装振动、加速度传感器。

在时钟同步的情况下，检测车采集的数据与安装在桥梁上的大量的传感器采集的数据，在时间上是保持一致的，由此将能获取到更多的关于桥梁振动方面的信息。Dust Networks 各传感器节点的时钟同步可以精确到微秒。常温下，如果说声波在钢铁中的传播速度是每秒 6 000 米。那么 1 微秒的时间内，声波在钢铁中的传播速度就只有 6 毫米，故而，这些传感器的时间分辨能力是极高的。

以上所述是在日常状态下的监控情况。接下来我们还要考虑地震、强风的情况。由于需要采集这种异常状态下桥梁的强度、应力等重要的数据，我们可以把日常检测剩余的电池电量用在这里，尽可能地采集数据。就像上述那样，每个月日常监控剩余的电池电量，应该能够保证传感器再工作 90

分钟。

至于这90分钟的电量如何使用，可以根据预先设定，进行自动化操作。比如说地震计检测到烈度为4度以上的地震，风速计检测到每秒30米以上的风速，那么便持续采集10分钟的数据。若要做到这一点，则必须由服务器向所有的无线传感器节点发送指令——接下来采集10分钟的数据。我们将这种通信行为称为“下行通信”，这时必须要选择全天候信道不中断、处于增益状态的通信方式。而我所负责推广的Dust Networks就可以做到这一点。

采集的数据对于准确判断起到的重要作用

综上所述，传感器在地震、强风的情况下采集数据，由此确定桥梁正处于大幅振动的状态。这时，监控系统有一个必须完成的重要任务，那就是向管理者提供有用的信息，从而帮助管理者做出判断，是否要立即限制通行。

当桥梁受到重大损伤的时候，如果不采取任何的措施，那么桥梁上通行的车辆就有坠落的危险。而且，如果在没有通行危险的情况下实施交通管制，会对救灾活动造成阻碍。那么，该怎么办呢？

这时，对日常持续采集的大量数据进行大数据分析可以起到相应的作用。从日常采集的数据中找出关联性和规律性，与非常状态下采集的数据进行比对，得到的不仅仅是超出正常值的异常数据，还有桥梁安全性方面的正确信息。以此为判断依据，从而能够决定是否需要限制通行。

根据监控系统给出的信息实施交通管制之后，后续仍有需要做的事情。那就是是否需要解除通行管制，抑或在桥梁完成修缮之前持续实施交通管制。这必须由专家到现场目测检查，才能够做出判断。如果发现有重大损坏，则必须加以修缮。假如专家在现场目测检查没有发现什么问题，那么这时就需要监控系统发挥作用了。

在遭受地震或者强风的情况下，被限制通行的桥梁上是没有车辆行驶的。这种状态下，由于桥梁不受力，倾斜计检测到的应该是正常值才对。如果不是正常值，那么就说明桥梁的某个部位有损伤。

即便倾斜计检测到的是正常值，还必须对桥梁的振动情况加以检测。这时候，如果使用载人型桥梁检测车采集数据的话，那么车辆和乘员都有坠落的危险，必须使用智能桥梁检测车采集数据。然后将前述每周 1 次由载人型桥梁检测车采集的数据和智能桥梁检测车采集的灾后数据进行比对，从而判断是否可以解除通行限制或者对桥梁进行修缮。

以上是以桥梁为例，对基于监控系统的判断进行的讲解。监控系统与专家目视检测、声波检测相结合，是确保桥梁安全的绝佳方法。从桥梁安全性的角度来看，单靠某一方面都是不够的。

由于目视检测是依靠个人能力的操作方式，那么对日本全国所有的桥梁进行目视检测，并期望达到相同的效果，从现实角度来看是行不通的。

相对于数量众多的桥梁，有限的专家人员应当如何派遣，这时候就需要监控系统发挥作用了。监控系统不仅平时能够发挥作用，当地震、强风等灾害发生后，是否需要解除通行管制的时候，更能够发挥作用。

日常的监控当中需要某些必要的技术。将这些技术与硬件、软件相结合形成系统，安装在每一座桥梁上才能发挥其作用。为此，数据信息服务的商业化就显得尤为必要。

当交通设施从建设时期向使用时期过渡的时候，其维护管理费用在公共事业费用中所占的比例将持续增加。在5年一次的目视检测因为人力资源不足导致部分流于形式的现状下，能够起到补充作用的就只有物联网的“千里眼”。

这意味着一个全新的产业诞生了。我期待不久的将来，监控系统能够作为现有的目视检测的补充，成为一种可持续的商业模式，并且在对这种服务进行包装之后，可以进军广阔的海外市场。

第5章

物联网在自然灾害中守护你的安全

除了要确保交通基础设施安全之外，为了保障国民安全，还必须要有应对自然灾害的对策及措施。本章将为大家介绍除交通基础设施以外，物联网在自然灾害防御上的应用，譬如地震后建筑物安全性评估、暴雨导致的山体崩塌的预判以及城市水灾防治措施等。

地震后建筑物的安全性应当如何评估

最近 20 年当中，日本经历了 1995 年的阪神·淡路大地震以及 2011 年的东日本大地震。京都大学的都市社会工学教授藤井聪曾指出，日本在经历了从 1946 年到 1995 年约 50 年的地震平静期之后，很可能已进入了地震活跃期。并且藤井聪教授还列举了相关历史事实，在过去的两千年当中，东日本地区共发生了 4 次 8 级以上大地震，即 869 年的贞观地震、1611 年的庆长三陆地震、1896 年明治三陆地震、1933 年昭和三陆地震，在这 4 次地震发生的前后 10 年当中，西日本和关东地区也都连续发生大地震。

日本政府预测，在未来 30 年内，从骏河湾一直延伸到四国南部的海沟——日本南海海沟一带将发生大地震，即东海地震、东南海地震、南海地震，并引发西日本大地震的概率为 60%—87%。据日本中央防灾会议的估算，未来西日本大地震将会造成高达 81 万亿日元的经济损失。这是假设大阪、名古屋等大城市也遭受海啸袭击的情况下，估算出来的数字。

关于东京地区的城市直下型地震，一直以来也有各种各样的预测。根据日本内阁官网发布的“首都直下型地震对策”的预测，东京湾沿岸的广域范围内有可能会发生烈度为 6 度以上的大地震，并且包含东京、横滨、千叶在内的首都圈中心地带有可能会发生烈度为 6 度以下的地震。据日本中央防灾会议的估算，未来该地区的地震将会造成高达 112 万亿日元的经济损失。然而，这是以 7.3 级地震为假设前提估算出来的，实际的损失根据地震规模和强度的不同，将有很大的差距。譬如 1923 年的关东大地震就是 7.9 级地震，故而 112 万亿日元的经济损失也只能算是保守数字。

地震真正恐怖的地方就在于，会突然发生。遗憾的是，回顾以往的地震就会发现，我们往往在地震发生的前一刻还一如既往地工作生活。日本国内使用的地震监测仪只能够监测到已发生的地震，对于地震的事前预测几乎起不到什么作用。

大地震从某种意义上来说是不可抗力因素，难道我们对此就一点办法都没有吗?

如果事前能够准确地预测地震那是再好不过了，然而迄今为止人们还无法预测地震何时发生，如果技术上没有太大的突破，恐怕是难以实现这一点的。关于地震的预测我们稍后再说，我们不妨先探讨一下地震发生时的应对措施。

首先，地震发生的时候，铁路公司为了避免列车脱轨会停运列车。其次，燃气公司为了防止火灾会停止供气。当地震发生时，我们当中大部分人都应该在某栋建筑物当中。由于地震发生时间的不确定性，如果是夜间的话想必大多数人都应该在家里，如果是白天的话想必大多数人都应该在写字楼、商业楼里面。

如果是在家里的话，我们能够做的或者应当做的事情是有限的。当年东日本大地震的时候，根据仙台市公布的市内地区地震烈度来看，宫城野区的地震烈度为 6 度以上，青叶区、若林区、泉区的地震烈度为 6 度以下。根据现行《建筑基准法》当中新的抗震设计法，这种程度的地震不会造成危及生命安全的建筑坍塌。

如果是在写字楼、商业楼等公共场所的话，考虑到震后的生活，恐怕无论如何都要回家一趟。2011 年东日本大地震是下午 2 点多发生的，生活在日本首都圈的人们为了能够当天回家可谓是想尽了办法。日本内阁的推算结果显示，当天回家困难者高达 515 万人。

考虑到今后的情况，地震发生时无处可去且滞留在市区内的人们也会进一步增多。在全年访日外国游客数高达 2 000 万人次的今天，公共场所有大量的外国人。由于语言不通，再加上从未经历过地震，怕是会造成更大的恐慌。

在东京等大城市，由于白天人流量很大，地震发生时如果所有人都赶着回家，反倒会造成大的混乱，诸如高空坠物、火灾等二次伤害的危险性也会随之增加。为此，2013 年 4 月，东京都开始实施《东京都返家困难人员对策条例》。要求入驻写字楼、商业楼的企业，须在地震发生后约 3 小时内做出判断，员工滞留在工作场所是否安全，尽量避免员工们在同一时间回家。

该条例指出，为了避免交通瘫痪时的混乱和危险，要求人们不要在同一时间回家，选择震后仍旧安全的建筑物，尽量收留更多的人员。然而，用什么方法来判断建筑物的安全性，是一个不得不考虑的问题。在这里，大家不妨回忆一下第 4 章中所列举的根据传感器检测数据判断震后桥梁通行安全的例子。正因为如此，在建筑物上安装振动传感器就是一个不错的办法。

传感器和无线通信在救援中的作用

诸如 30 层高的建筑，大多数都配备了地震时检测用的振动检测装置，用于对这些晃动周期较长的高层建筑物的各楼层不同程度的摇晃反应进行检测。至于那些中低层建筑物大多数都没有安装这种检测装置。

在楼房的各楼层安装振动检测装置，能够在一定程度上判断楼房的安全性。问题在于怎样才能够以更低廉的成本在数量众多的建筑物上安装检测装置。在这个问题上，物联网让我们看到了希望，关键在于检测建筑物状态的传感器以及将采集的数据传输出去的无线通信装置。

大阪的 IMV 株式会社就是日本振动传感器领域的一家大企业。IMV 除了研发、销售地震监测装置和建筑物安全性监控系统之外，还为汽车制造商和电机制造商提供振动试验装置，是一家专门从事振动发生与强度监测的企业。通过 IMV 的振动试验装置，我们可以在一定程度上了解工业产品在振动的情况下有多少可靠性。

我曾经在公共基础设施监控系统研究会上，与 IMV 的管理人员进行过交流。在研究会之后的联谊会上，我恰巧与 IMV 株式会社的 MES 事业本部的本部长川田浩二以及研发部门主管川平孝雄坐在一起。因为振动传感器与无线通信网络的相辅相成，我们相谈甚欢，有意要将彼此的技术结合起来以制造出新的应用系统。

IMV 的传感器网络其监控范围包括第 4 章说到的桥梁老化程度的检测以及跨河桥梁墩台冲刷现象的检测，还有就是本章所要讲述的地震后的建筑安全性检测。

就钢筋混凝土的楼房来说，随着时间的推移，承重部位也会随之发生改变，正确的做法是在每个楼层安装一个振动传感器，从而对整栋楼加以监控。譬如20层的楼房就安装20个传感器。

如果从1层到20层布设通信线缆的话，那么无论是从外观上来看，还是从施工成本上来看，都是一件麻烦的事情。这时，不妨采用无线通信的方式，绕开配线的问题。但是这里还有一个问题，那就是钢筋混凝土楼板对无线信号的阻碍问题。因此就必须要找到从1层到20层的纵向无阻隔的通道。

乍一看似乎很难找到这样的通道，实际上无论哪一栋楼房，都有从底层到顶层的无阻碍通道。那就是楼梯和自动扶梯形成的纵向无阻隔的通道。在自动扶梯上安装传感器是比较费时费工的，在楼梯上安装传感器就比较轻松。

由于楼梯内都安装了照明灯，为了保证传感器之间的无线通信，在安装传感器的时候要和照明灯保持适当的间距。由于近年来LED灯逐渐代替了荧光灯，原本的交流电源也改成了LED的直流驱动电源。传感器和无线通信集成电路也都是直流驱动的，那么在安装无线振动传感器的时候，电源的问题也就迎刃而解了。

第 4 章已经说过，单个无线振动传感器的生产成本并不高。至于安装施工方面，实际上就像更换荧光灯那样方便，因此只需少量的经费就可以搞定。我负责推广的 Dust Networks 技术，即可保证传感器日常振动数据的采集以及必要的时候回收数据。另外，为了防止关键时刻设备发生故障，还能够每天自动确认传感器是否正常工作。

传感器网络是预测地震的一条可行之路

为了确认震后楼房的安全性，因此需要在各楼层安装传感器加以检测。当人们在数量众多的楼房内安装传感器之后，新的想法也随之产生了。那就是根据大量的传感器采集的数据，进行长期持续的大数据分析，或许能够在地震预报中起到作用。

迄今为止，人们只是在少数区域运用少量的地震监测仪采集振动数据。纵观日本全国，气象厅有 900 台地震监测仪，各都道府县合起来总共有 3 000 台左右，位于筑波的防灾科学技术研究所的强震观测网有 1 000 台左右，高敏度地震观测网有 800 台左右，全部加起来大概有 6 000 台。如果采用物联网的方式进行操作，譬如说增加到 10 万台，将会如何呢?

东京消防厅管辖范围的东京地区 4 层以上建筑就有 162 000 栋左右。即便是 8 层以上的建筑也有 41 000 栋左右。哪怕只是在 10% 的 8 层以上建筑内安装传感器，也需要安装 32 800 个传感器。由此可见，即便是在日本首都圈安装 10 万个传感器，也没什么值得大惊小怪的。然后我们用大数据分析技术对采集的数据加以分析，或许能够得到些什么。所谓创新就是运用新技术去解决以前解决不了的问题。那么对于地震预测，我们也不要放弃希望。为什么这么说？因为哪怕只是预测一下即将发生的地震，也能够给公众带来帮助。

地质灾害的预警

接下来我们谈一谈地质灾害的监测预警。物联网尤其是无线传感器网络在地质灾害防护方面能够起到相当大的作用。

纵观世界，日本是地质灾害比较严重的国家。究其原因，是受到地形和气候的影响。由于日本的国土大部分都是山地，且列岛狭长，因此山地与海岸之间的距离很短。正因为如此，日本的河流陡急，其流速之快是大陆的河流不能比的。国外的河流专家到日本来考察，看到日本的河流，不由得感叹道："这不是河流，是瀑布。"

同时，日本受到梅雨和台风的影响，每年夏秋两季暴雨频发。近年来在地球温室效应的影响下，暴雨的发生频率进一步增加。

降雨会导致坡地的土壤含水量增加，从而打破土壤凝聚力与含水土壤重量之间的平衡，造成滑坡。因为河流流速、山体坡度、土壤含水量等因素造成的地质灾害，大致可以分为三种类型，分别是泥石流、山体崩塌、滑坡。

泥石流，是在暴雨环境下，河流挟带山体的沙石泥土、河床的泥沙以及周围的泥沙形成的洪流。一旦发生泥石流，会对下游的住户造成较大的危害。说到这里，想必很多人就会想起 2014 年 8 月，广岛市北部暴雨造成的 74 人遇难。当天从凌晨 2 点到 4 点仅仅两个小时，累计降雨量就超过了 160 毫米，强降雨导致了泥石流的发生。

山体崩塌，是指雨水导致的土壤凝聚力降低，陡峭的山坡在重力作用下迅速崩塌的现象。另外也有因为雨水冲刷导致土质疏松，在地震的情况下引起的山体崩塌。突然崩塌下来的山石泥土会摧毁山下的房屋，从而造成巨大灾害。山体崩塌并非仅限于自然界的山体。在山间建设铁路和高速公路时，会在山上开挖斜坡。这种人工斜坡（倾斜面）在集中暴雨下也会导致崩塌。这种情况下，会给列车和汽车上的乘客带来危险。最近日本关东地区的私营铁路就发生了一起山石崩塌、列车脱轨的事故。所幸没有造成大的人员伤亡，但我们必须对这种事故加以防范。

滑坡，指的是坡面土体由于地下水活动等因素的影响，沿着地层软弱面向下缓缓滑动的现象，具有大范围、土方量大的特征。滑坡会导致电力输送电缆、上下水管道等基础设施遭受破坏，从而影响该区域居民的正常生活。

如上所述，暴雨和地震是造成上述三种地质灾害的主要原因。那么这些地质灾害的发生频率有多高呢？近年来，每年会发生约1 000起地质灾害[①]。造成大规模地质灾害的有，2004年发生的中越地震和第23号台风、2011年发生的东日本大地震和第12号台风以及2014年8月的集中暴雨。

回顾过去30年降水量的分布规律，可以发现，集中暴雨的发生频率在缓缓上升。根据日本气象数据采集系统的统计，全国1 000个地点1小时内降雨量达50毫米以上暴雨的频率,30年前到10年前的20年间平均每年发生190次；最近10年当中平均每年发生240次，暴雨的频率明显增加。尤其是近年来，日本全国范围内，累计降雨量超过1 000毫米的暴雨每年都会发生，从而造成大规模水灾和地质灾害。

2008年6月，面对日本国土交通省的问询，社会资本整备审议会给出的《关于水灾防治方面应对地球温室效应造成的气候变化的对策》当中指出，在地球温室效应的影响下，降雨量将会逐年递增，预计至21世纪末，日本全国降

① 参照日本国土交通省・四国地方整备局・河流部・河流计划科的资料。

水量将会是今天的1.1—1.3倍。同样，可以预见，泥石流的发生频率将会增加，发生的规律将会产生变化，其规模将会扩大。

为了适应河流环境的变化，在该对策当中，一个关键的方案便是“在强化监控系统的基础上，积累更多的信息和数据，分析河流环境变化与气候变化之间的关系，研讨河流环境管理的方案，从而切实完成河流管理工作”。

日本在地质灾害防治方面制定了四部法律。在硬件防治方面有如下三部法律，分别是关于泥石流的《砂防法》(《防沙法》)、关于山体崩塌的《急倾斜地法》以及关于滑坡的《滑坡等防止法》。这些都是针对地质灾害的源头制定的防治法律。

另一方面，针对地质灾害危险区域制定的软件防治的法律为《土砂灾害防止法》(《地质灾害防治法》)。为了保护民众的生命安全，该法律旨在推动地质灾害危险区域通告、警戒与避难准备、住宅等新建用地的限制、现有住宅的搬迁转移等方案的实施。并且以2014年广岛市北部集中暴雨造成的重大灾难为契机，同年对《土砂灾害防止法》进行了大幅修改。此次修改的主要内容为地质灾害高危区域的公示、避难通知情报的下达以及避难机制的强化完善。

如前所述，正因为日本的土地条件较差，全国范围内约90% 的市町村与地质灾害危险区域相邻。日本全国，地质灾害危险区域竟多达 525 000 个。为了能够对这些危险区域进行系统化管理，将这些地质灾害危险区域分成各都道府县地质灾害警戒区域（统称“黄色区域”）和地质灾害特别警戒区域（统称“红色区域”）。2015 年 3 月，日本全国共有黄色区域约 396 000 处，红色区域约 236 000 处。

为了能够在危险事态发生前及时下达避难通知，于是在一部分标明的危险区域安装了监控系统。随着近年来物联网技术的进步，将进一步地把监控系统推广到更多危险区域。

在灾害危险源安装传感器

2014年，我最初在日本推广Dust Networks产品的时候，最先进入的就是灾害危险源这个领域。当初最先采纳我司产品的便是日本应用地质株式会社。日本应用地质株式会社以“地球的医生”为发展目标，在与地基、灾害相关的地质学、土木工程学、水力学等方面，有丰富技术积累的专家技术团队，并凭借专门的技术在保障民众安全的地质灾害防治、基础设施整备与维护领域提供咨询服务。

在地质灾害防治工作方面，必须要监测降雨量和地基变化。为此，应用地质株式会社研发了i-SENSOR2系列传感器（图5-1）。其中i-SENSOR2 Tilt传感器可以定时采集地基倾斜数据，当采集的数据超过设定的标准值时，会自动发送报警邮件。另外还开发了降雨量监测传感器i-SENSOR2 Rain，运用各种传感器对地下水位、土壤含水量等综合数据加以采集、监测危险状况的i-SENSOR2 Logger，以及不同深度地基变化监测系统i-SENSOR2 LinQ-Tilt。

图 5-1　应用地质株式会社的 i-SENSOR2 系列传感器

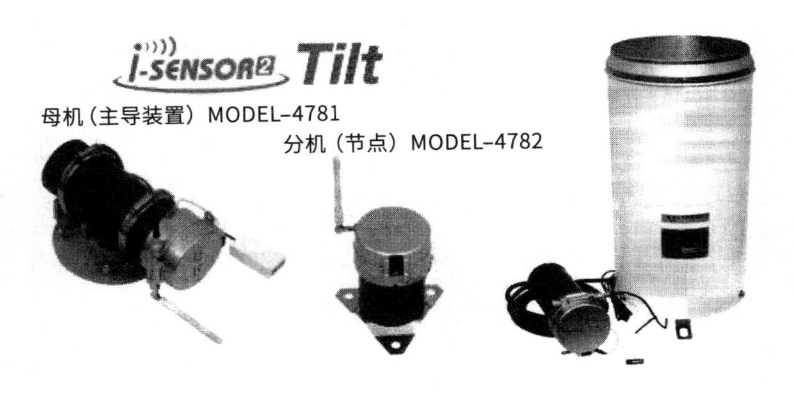

这些地质灾害征兆监测传感器必须安装在灾害危险源上。在这样的环境下，普通的商业电源根本无法供电，只能用电池驱动传感器。因为这些传感器大多要安装在深山、河流源头等一些不太容易到达的地方，不能频繁地更换电池。因此，电池必须要保证能长期工作。

另外，在倾斜面、山崖等面积广阔却又必须加以监控的区域，单靠一两个倾角传感器根本无法捕捉到所有的崩塌前兆。因此必须采用数十个传感器，每隔几十米安装一个，进行覆盖式监测。我们将这种大量安装的传感器称为“分机”。

另一方面，为了对这些分机加以控制，并回收分机所采集的数据，母机必须接入公共无线网络。因为绝大多数地质灾害都是由暴雨、地震或是两者共同引起的，所以当晴天、未发生地震的时候，地基未发生变化的情况下，可以将监测频率降低。反之，因为暴雨、地震等因素导致地基发生变化的时候，则必须提高监测频率，从而尽早发现灾害，及时汇报。譬如说，在泥石流灾害发生前，必须尽早下达避难通知。由于这样的灾害一年也发生不了一次，我们不妨设定日常模式和紧急模式两种，从而延长电池更换周期。

为了达到上述控制要求，不但母机需要全天候开机，还必须保证在任何时候所有的分机都能够接收到母机的指令。若想在任何时候都能够接收指令，那么就必须要有在任何时候都能够接收数据的系统。i-SENSOR2 系列在无线通信方面采用的是 Dust Networks 的多跳网络（mesh network），该多跳网络不仅能够保证将传感器所采集的数据回收，还能够保证母机发出的指令全天候有效，由此能够轻松地达到上述控制要求。

在这里，还有一些其他的无线通信手段。一般的小功率无线通信装置都不具备时钟同步功能，因此在接收数据的时候都是持续接收，从而导致电池电量消耗较大，电池的更换周期缩短。另外，不接收数据的时候会长时间关闭数据接收，从而导致接收不到这段时间发出的指令。若要同时做到全天候都能接收指令以及缩短接收数据所需时间这两点，那么时钟同步技术就显得尤为重要。

当进入暴雨骤降或发生地震等紧急模式的情况下，如果传感器网络发生故障，将会出大问题。因此，在日常模式下，每天回收所有分机采集的数据是定时诊断设备状态的一种有效手段。正因为这些设备都安装在一些不太容易到达的地方，因此对这些设备加以集中管理就显得很重要。

水灾防治管理

随着地球温室效应引起的暴雨频发，水灾也成为一个严峻的问题。

2015 年 9 月 9 日至 10 日，由于第 18 号台风和低气压的作用，受到南方来的潮湿空气的影响，关东北部地区出现史无前例的大暴雨。根据日本栃木县日光市气象观测所的记录，这是自 1975 年有气象记录以来最大的一次降雨，24 小时的累计降雨量高达 551 毫米，这同样也是各地气象观测有记录以来最大的一次降雨。

由于鬼怒川上游地区的持续集中降雨，鬼怒川的水位超过了历史最高水位，鬼怒川的警戒水位为 7.33 米，而水海道当地的水位高达 8.06 米，超出警戒水位 73 厘米。

结果导致茨城县常总市约 200 米的堤坝决堤，洪水灌入住宅区，约 6 500 栋住宅被淹没、冲毁。决堤的原因是越过堤坝的洪水将堤坝冲垮。此次决堤导致常总市 50 户房屋全毁，914 户房屋大半冲毁，2 773 户房屋半毁，2 264 户房屋地板浸水。再加上农作物被洪水冲毁以及因为浸水导致的车辆报废等，农户、企业等各种损失将近 200 亿日元。

关东地区由日本中央政府负责管理的河流决堤，自 1986 年利根川水系的支流小贝川河堤决口之后，这是 29 年来的第一次决堤。这一次，鬼怒川上游 4 个水库控制放水量，蓄水量约 1 亿立方米。这样一来，虽说流入鬼怒川的水量减少了，有效地减少了灾害损失，但是却没有完全杜绝灾害的发生。

像这种严重的水灾，并非仅限于河流导致洪水泛滥，大城市内涝的危险性也很高。像这一次鬼怒川河水泛滥，是外来的洪水导致城市被淹没，故而被称为“外洪”。与之相对应，大城市常见的问题即降雨量超过城市泄洪能力的洪水泛滥，被称为“内涝”。

对于有地下街道的大城市来说，内涝有危及民众人身安全的隐患。城市的沥青、混凝土路面在夏日阳光的直射下变得热浪滚滚，从而导致热岛效应明显，促使局部积雨云快速形成。由这种积雨云带来的突发性大雨，被称为“游击暴雨”。

另外，对于建在地面的大都市来说，为了保证留在地面的雨水只有10%，余下90%的积水必须通过街道两侧的排水沟以及埋设于地下的下水道、排水管、排水泵排放到城市河流当中去。

然而，东京排水设施的排放能力只是按照每小时50毫米的降雨量设计的。如果每小时的降雨量超过50毫米的话，要么导致河流水位上涨，要么导致来不及排入河流而造成雨水积滞。如此一来，积水就会流向低洼地区，从而造成道路淹没、建筑物浸水。

面对这种超过城市设计标准的水灾，其对策就是要弥补其不足之处。其中包括建设雨水临时贮存、雨水渗透地下的雨水利用设施，以及增设排水管等方式。为此，2014 年 5 月，秉承“流走的是洪水，留下来的是资源”理念的《雨水利用推进法》正式实施，并拟定了雨水利用设施的建设目标。由此，诸多新建写字楼等建筑都建设了规模颇大的地下蓄水池。

通过物联网减少水灾损失

上述策略就是万全之策吗？为了建设地铁、地下街道等地下设施，在地表积水汇聚的地方，将积水引入地下。为了防范超过城市设计标准的降雨，在地下建设大规模的蓄水池以及在地铁的出入口设置止水板，尽管如此，面临的问题依然严峻。面对不知何时何地会突然发生的局部“游击暴雨”，目前难以做到水灾的彻底防范。

有一个值得一提的对策，那就是利用监测系统及早发现突然发生的水灾险情。为了减少人员、经济损失，如今水情监测系统已被部分利用。为了让监测系统更具效率并被更广泛地推广开来，就需要将物联网技术引入其中。接下来我将为大家介绍防范道路淹水和地铁进水的物联网检测方法。

在东京，为了准确地把握城市内涝险情，从而拿出有效的排水设备和对策，会大范围地监测道路积水深度。这时，就必须在预估的积水范围内，像围棋棋盘的格子一样，每隔 50 米安装一个水深测量传感器。比如说，对 1 平方公里的街道进行覆盖式监测，就需要安装 400 个水深测量传感器。

具体来说，就是在护栏、标牌、电灯杆等不显眼的地方安装水深测量传感器。水深测量传感器有两种类型，一种是根据超声波遇到水面时反射回波的时间差测出水深，另一种是利用压力式水位计测量出水深。并且这些传感器必须是无须配线、利用电池长时间驱动、任何环境下都能够使用的。说到长时间驱动和任何环境下都能够使用，这正是 Dust

Networks 所擅长的领域。

如果采用 Dust Networks 的双向多跳网络，那么就可以保证仅用电池驱动的水深测量传感器长时间的工作。该双向多跳网络只在有可能淹水的危险期测量水深。像晴天、多云、小雨这种没有淹水可能的日子里，每天所有的传感器只工作 1 次，以确保关键时刻传感器能够正常工作。

至于收到“游击暴雨”这样的气象信息，必须对水情加以监测的时候，则由控制中心发布监测指令，然后每 5 分钟一次发送监测结果。如果持续性大雨，只要 400 个传感器当中某一个传感器监测到水位变化，之后所有的传感器都会将检测周期缩短到诸如每分钟 1 次，从而做到多地点实时掌握水情。

超声波传感器只需 100 毫安的电流，10 毫秒的时间便可完成一次检测，因此，一节容量为 2 000 毫安时的三号电池，即可提供 2 000 次检测的电量。和第 4 章所述的桥梁检测一样，选择适当的检测时间间隔，分配利用有限的电池容量，即可在电池更换周期和传感器工作周期之间找到合适的平衡点。

根据上述道路积水监测结果，除了可以实施交通管制、防止车辆进入深水区之外，还可以发出警报、在地铁出口设置止水板。另外，为了防止今后出现更大的洪水灾害，还可以制订相关的设备更新计划，从而减轻水灾的危害。

大城市内涝防治工作中有一个特别重要的内容，那就是防范地下空间进水。当市区因为雨水排放不畅导致内涝或者河流水位上涨导致外洪的时候，无处可去的积水便向地势最低的地下设施流动，从而在短时间内引发水患。

1999 年博多车站地下街道淹水事件就是个典型例子。博多车站的周边区域拥有地下设施的 182 栋楼房当中，共有 71 栋楼房发生进水现象，其中地下三层进水的楼房有 3 栋，地下空间完全被淹没的楼房有 10 栋，地下空间总积水面积达 5 万平方米左右。

更严重的是，在这次因大雨导致的地下设施淹水事件当中，发生了由于大楼的地下一层被水淹没，1 名餐饮店的店员因未能及时逃生而死亡的惨痛事故。据悉，不幸死亡的该餐饮店店员是因为水压导致店门无法打开，从而被困在了店内无法逃生。

根据有关研究结果表明，在地下空间进水的情况下，水深只要达到 30 厘米就会造成行走困难，当水深超过 40 厘米的时候，就会因为水压导致门无法打开。

若要预防地下空间进水，则必须在出入口设置止水板、防水门等防水设施，但这样仍是不够的。当洪水来袭时，最重要的事情就是躲避灾难。为此，平日需要认识到地下空间洪水泛滥的危险性，并且在洪水来袭时，必须明确、及时地通知地下设施里的人群。

为此，不单是安全管理方，身处地下空间的民众也必须了解自己身处的位置。这时就需要物联网发挥作用了。由于这当中还包含了室内定位技术，我们将在下一章进行详细讲解。

第6章

定位系统的显著经济效益

近年来，随着智能手机增设了 GPS 定位功能，步行导航已经成了生活中的一部分。每当我来到了一个从未来过的车站，或者想要查找附近的餐厅的时候，就会使用这种功能。打开 GURUNAVI 等餐饮网站选择就餐的地点，然后在谷歌地图等电子地图上输入餐馆名字，即可直接依照它的指引到达目的地，非常方便。

但是，这只限于 GPS 信号所能覆盖的室外环境。一旦步入大楼或者地下街道当中，以目前的 GPS 技术无法做到正确导航。在这样的环境下使用电子地图，不仅获取的信息粗略，而且自身所在位置的定位精度也随之降低，无法像室外环境下那样运用。于是，人们试图寻求一种在室内环境下也能实现高精度定位的方法。这时，物联网就开始发挥作用了。利用智能手机内置的传感器和无线装置，还有安装在室内各处的无线装置，从而实现高精度的室内定位。本章将为大家介绍物联网室内定位技术的发展现状和实际效果。

室内定位技术尚在起步阶段

我们之所以能够在东京的大街上准确无误地通行，导航的作用功不可没。实际上，这对那些海外游客来说作用更大。

2014 年访日的外国游客人数达到 1 340 万人次，2015 年增加到将近 2 000 万人次，并且今后必将持续增加。2020 年将在东京举办夏季奥林匹克运动会和残疾人奥林匹克运动会，各个国家和地区的大量游客必将齐聚东京。这一次的奥运会比赛场馆都集中在以湾岸地区为中心的狭小区域内。狭小的区域内聚集大量的游客再加上 8 月炎热多雨的天气，在这种情况下若要做到安全地接待游客，必将是一次不小的挑战。

前来观看比赛的游客届时都住在酒店里面，他们会前往比赛场馆观看比赛，并且还会再前往其他比赛场馆继续观看比赛，另外还要去餐馆用餐，然后再返回酒店。届时，游客们的出行方式会以地铁、公交、出租车等交通工具为主。在这当中，运输能力最大的是地铁、私铁、JR 等轨道交通工具。

东京的地铁四通八达。虽说地铁站内、连接通道等处都有线路示意图，但却复杂难懂。如何换乘，就连日本人都常常搞不清楚。那么在这样的地铁站里面，那些从海外来的、说着各国语言的游客真的能顺利抵达目的地吗？

实际上，奥运会不仅是一场体育盛典，同时也是最新技术的展示平台。1964 年东京奥运会，我们的前辈为此及时开通了东海道新干线。另外，首都高速公路、东名高速公路、阪神高速公路等道路设施也都是为了奥运会的召开而修建的，并且全部都在奥运会开幕式之前完工。1964 年的奥运会，是一次交通基础设施建设技术的成功展示。

那么 2020 年东京奥运会和残奥会，我们是否应该提供物联网新技术应用服务，让来宾感受到新时代的来临呢？

这其中的一项重要工作，就是轨道交通与通信领域合作，从室外的GPS导航扩展到室内的定位，实现多种语言的导航服务。

若要实现多种语言的室内导航服务，那么找到室内自身所在位置的方法就是使用室内定位技术以及可以导航的电子地图，这两点都是必不可少的。用智能手机进行室内定位，然后将位置信息传输给服务器，然后用智能手机下载服务器计算得出的电子地图，从而实现室内导航。

在室内定位的电子地图，必须包含所有最新的基础设施的内部结构。

自2015年起，开始实施与室内定位相关的基础设施内部结构实证实验。1月，以日本国土交通省、东京大学空间情报科学研究中心、日本电报电话公司（NTT）、JR东日本、JR东海为主导，在东京站丸之内及周边地区进行实证实验。3月，以日本国土交通省、东京大学尖端科学技术研究中心、NTT DOCOMO、KDDI、东急电铁、JR东日本、东京Metro地铁、京王电铁为主导，在涉谷站Hikarie大厦及周边地区进行实证实验。

上述是以东京地区的轨道交通公司为主导的实证实

验，与此同时，名古屋大学河口信夫教授运营的非营利组织 Lisra，得到关西地区多家企业的协助，并且在多家软件开发公司的参与下，进行室内定位技术的开发和验证。此前，在名古屋中央公园地下街安装了许多低功耗蓝牙（BLE，Bluetooth Low Energy）信号发射器，进行室内定位的实证实验。关于低功耗蓝牙，将在后文为大家进行详细的介绍。自从苹果公司的 iPhone 手机开发了利用低功耗蓝牙技术的“iBeacon”服务功能之后，这种无线通信方式就迅速受到人们的广泛关注。

上述实证实验，都是以步行的人手持智能手机为前提的。之所以如此，是因为室内定位必将成为智能手机的一项新功能。接下来我们不妨了解一下相关的技术。

充分利用智能手机的功能，实现室内定位

在 GPS 信号无法覆盖的室内环境下，若要测定自身所处

的位置，什么功能是必需的？那就是最新标准的 iPhone、安卓智能手机配置的新功能。

最新款的智能手机中，配置了传感器和无线功能模块。传感器又包括温度传感器、气压传感器、XYZ 三轴加速度传感器、三轴回转仪传感器（也被称为螺旋仪传感器）、三轴磁场传感器等。

同样，无线功能当中除了通话和数据传输所需的 Main LTE 和 3G 网络之外，还包括无线局域网 WiFi、近距离无线通信的低功耗智能蓝牙以及与低功耗蓝牙相对应的品名、手机支付所需的近距离无线通信技术（Near Field Communication）等，仿佛智能手机里面什么功能都有。

而室内定位几乎将这么多种传感器和无线功能全都用上了。也就是说，若要实现室内定位，必须使用包含上述功能的智能手机。那么，以上述智能手机的诸多性能为前提，接下来对基础设施进行室内定位的实证实验，就有可能在 2020 年之前实现室内定位服务。

当人们从能够进行 GPS 定位的室外，进入到大楼、地下街道的时候，虽然之前测定的位置信息仍然有效，但是紧接着 GPS 信号就中断了，接下来就必须要用到步行者航位推算

(PDR，Pedestrian Dead Reckoning)。PDR 是利用智能手机内置的加速度传感器，对朝哪个方向、行走了多远的距离进行测量的方法。通过 PDR，可以推算出从一开始到现在的相对距离和相对位置。

汽车导航同样也用到了基于加速度传感器的航位推算法。不同的是，当人们把手机从口袋里拿出来看的时候，手机会被翻转，这时候仅凭加速度传感器，是根本不知道现在朝着哪个方向的。这时就要用到即便翻转手机也能够保持方向感的陀螺仪传感器。

大楼、地下街道等室内环境，往往也分为若干层。那么室内环境的高度（深度）也是可以测定的。其原理是当人们借助楼梯、自动扶梯、升降电梯上下移动的时候，通过气压传感器获取的有效信息。虽说地面的气压会随着天气变化而变化，但是在短时间内是不会发生太大变化的。同一个时间段，上下层移动的时候气压也会随之高低变化，由此就可以捕捉到人的移动轨迹。

但是若要实现高精度的室内定位，仅凭 PDR 是不行的。PDR 归根结底是从某个时间点所在的位置开始，对移动的方向和距离进行测量的方法，如果不知道某个时间点自身所在的位置，那么此刻自身所在的位置也就无从得知。另外，PDR 等于是蒙上眼睛在走路，那么即便知道蒙上眼睛之前自身所在的位置，但随着移动距离的拉大，误差也会变大。

由于加速度传感器和陀螺仪传感器都存在一定的误差，随着反复地测定，误差也会慢慢累积，最终这个相对位置也就不确定了。为此，我们不但要知道相对位置，还必须掌握测定绝对位置的方法。

如何利用移动通信基站和 WiFi 无线接入点

既然我们可以利用 GPS 进行室外环境下的绝对位置的测定，那么室内环境下绝对位置测定的方法也有好几种，且各有优劣。这些方法绝大多数都是利用无线信号和智能手机搭载的无线功能。

最初的方法是利用移动通信基站的 3G 网络信号。移动通信网络为了保证覆盖的范围，每隔几百米就会架设移动通信基站。由于智能手机能够测试附近基站信号的强弱，那么接收三个以上基站的信号，便可以根据三角测量的算法推算出自身所在的位置。

然而因为各个基站之间的距离较远以及建筑物的阻挡影响 3G 网络信号的收发，以至于这种方法并不能保证定位的精度。实证实验结果表明，根据不同的环境，有时会存在几十米的误差。由于室内绝对位置的测定，其定位精度要尽可能为 1 米，因此利用移动通信基站的绝对位置测定方法只能作为辅助手段。

接下来是利用 WiFi 无线接入点的测定方法。车站内、大楼内、地下街道当中，为了提供 WiFi 服务，往往会设置多个无线接入点。这些无线接入点会发射一定频率的信号。即便不知道 WiFi 连接的密码，也能够接收到这些信号。正如大家所知道的那样，手机 WiFi 设置界面上可以看到很多连接点。

这些 WiFi 无线接入点都有各自固定的序列号。也就是说，如果知道 WiFi 无线接入点的位置和相应的序列号，那么就可以根据三角测量的算法推算出自身所在的绝对位置。

其实，市场上就有制作关于 WiFi 无线接入点位置和相应序列号的数据库的公司。

由于 WiFi 无线接入点是提供无线局域网服务的设备所有者自发设置的，因此有的地方有大量的 WiFi 无线接入点，有的地方却几乎没有。由此，在不同的地点，其定位精度有很大的差异。

另外，根据设备所有者自身的意愿，有时会设置新的 WiFi 无线接入点，有时会更新设备，有时会拆卸设备。为此，在室内定位方面，关于 WiFi 无线接入点位置和相应序列号的数据库必须时常更新。正因为当前的目的，与最初设置 WiFi 无线接入点的目的不同，所以才会出现这些问题。

于是，为了完善现有的基础设施的室内定位，就要用到接下来要为大家介绍的低功耗蓝牙。

加上低功耗蓝牙便可以解决所有问题

所谓低功耗蓝牙室内定位方法，是在任意的场所设置有固定序列号的、被称为“低功耗蓝牙信标”的小型信号输出装置，然后根据蓝牙信标所在的位置和序列号，推算出绝对位置的方法。低功耗蓝牙信标的优点在于小型化低耗电，在电池的驱动下可以工作几年时间，任何场所都能够安装。与之相比，WiFi 无线接入点的耗电量是低功耗蓝牙信标的 1 000 倍，只能在有商业电源的地方设置。

既然任何场所都能够设置，那么也就意味着可以内置于某个物品当中。

注意观察一下大厦和地下街道的天花板，就会发现上面安装了很多东西。如照明器材、火灾探测器、应急诱导灯等。特别是根据《消防法》的规定，每隔一段距离必须安装火灾探测器。譬如说，绝大部分建筑设施都是每隔 5.5 米安装一个火灾探测器。那么在这些火灾探测器上面安装用于测定绝对位置的低功耗蓝牙信标是再合适不过了。还有在照明器材等设备当中内置低功耗蓝牙信标，就可以实现在必要的场所安装必要数量的信标。

低功耗蓝牙信标受信号强度的限制，通信距离只有 20 米左右。但是，这恰恰对提高定位精度很有帮助。实证实验结果表明，每隔 5 米设置一个信标，定位精度可以提高到 2 米。

移动通信基站、WiFi 无线接入点、低功耗蓝牙信标三者同时使用的情况下，即可测定绝对位置。然后再结合步行者航位推算和气压数据推算出来的相对位置，即可持续掌握自身所在的位置。

移动通信基站、WiFi 无线接入点都是为了其他目的安装的设备设施，而低功耗蓝牙信标却是为了室内定位安装的新设备。当然，为了室内定位这个目的，如果能够在最合适的场所安装的话，那将会给提高定位精度带来最大的帮助。

电子地图由谁来维护管理

接下来为大家介绍将室内定位方法运用到实际导航当中

的室内电子地图。

导航的目的地有可能是地下街道或者大厦里面的餐厅、商场，也有可能是前往目的地时最合适的交通设施，如地铁站最近的检票口。那么电子地图当中，这些与位置信息息息相关的数据的维护、更新就更加重要。

大厦和地下街道都不是平面结构，是有许多层的、足够高的立体空间。那么导航在指引人们前往商店、检票口的时候，哪里有楼梯、自动扶梯、升降电梯以及哪里有供行走障碍人士通行的无障碍通道，都必须用 3D 表示出来。

建立 3D 电子地图数据库。也就是说将建筑物内部构造、建筑物当中的店铺和设施等信息以及基础设施设备的室内定位信息，还有长宽高等场地信息一同录入数据库中，并随时更新。

那么为了实现室内导航，由谁来提供电子地图服务，这是一个值得讨论的话题。数据库的建立以及数据的录入，必然要花费成本。同时电子地图导航给使用者带来了便利的服务。那么服务的费用由谁来支付，通过怎样的途径来使用电子地图，必须要有一个资金的流动方式。这个模式如何构建，是非常重要的问题。这里有一个相似的案例可供参考，那就是谷歌搜索引擎商业化的例子。

谷歌是免费为用户提供搜索引擎服务的。与此同时，谷歌（严格来说是谷歌的控股公司 Alphabet 公司）获取的主要收入——广告收入超过 7 万亿日元。那么这种商业模式是否适用于电子地图导航呢？

谷歌有着大量的服务器，可以全天候自动访问世界上连接网络的 Web 服务器并调取内容，同时建立了可以关键词检索的数据库。谷歌免费为用户提供搜索引擎服务，与之相对应，谷歌为企业提供将公司信息排在搜索结果的显眼位置的服务，并收取等价的广告费。这就是用户在使用搜索引擎的时候，为谷歌带来广告收益的模式。

至于作为地图信息服务的谷歌地图，也是采用和基本的搜索引擎服务同样的商业模式收取广告费。比如说，支付了广告费的希尔顿酒店、星巴克等商家，在谷歌地图上不以一般的酒店、餐厅符号进行标识，而是在地图上用彩色的 LOGO 标识出来。

另外，谷歌地图还为其他网站提供使用谷歌地图功能的 API 服务模式。API 服务模式，就是对那些将谷歌地图作为自己网站功能使用的客户当中，连续 90 天以上每天超过

25 000 次点击的大客户进行收费的方式。服务器在大流量负荷运行的同时，也获得了与之相应的经济收益。

探讨室内电子地图的维护管理方法

那么，日本电子地图的商业模式应当如何构建呢？

关于这个问题，政府的相关部门和企业正在商讨当中，最终的结果还没出来。接下来我将为大家介绍现状。

首先，室内导航电子地图所需的广域数据，来源于提供地图数据的公司的数据库。比如说，在美国，谷歌是用自己公司测量的数据构建地图数据库，但是在日本，却是由现有的、拥有完善的地图数据库的公司，如 Zenrin 公司提供的。

其次，在现有数据库的基础上，还必须添加各个大楼、地下街道等设施更详细的数据。另外，无论何种设施的数据，都必须整理成统一的坐标系、统一的格式。日本国土交通省国土地理院所进行测量的基础数据，为制作电子地图提供了电子基准点。不仅如此，2015 年日本国土地理院还在数据库汇总信息标准化方面，确定了位置信息编码的基本规范，各企业间开始进行相应的调整工作。

与此同时，2015 年 8 月 21 日，日本国土交通省还召开了高精度测位社会项目研讨会的第一次会议。此次研讨会的目的如下所述。

东京要为访日游客提供世界上最尖端、最高级的接待服务。

构建世界领先的高精度定位环境，为包括外国人、高龄者在内的参加奥运会、残奥会游客提供毫无压力的、细致的服务。

就东京站周边的大丸有（大手町、丸之内、有乐町）地区室内定位设备设置标准、电子地图维护管理的中间团队模式等方面进行了讨论和实证实验。

电子地图当中必须录入各建筑设施所有者所拥有的实际场地的信息以及室内定位设备的安装地点信息。并且在场地信息变更的情况下，比如说店铺更换租户、增设无线接入点和信标，都必须随时维护、更新数据信息。

另外，由于电子地图是一个数据库，所以服务器必须能够快速应对调阅地图信息的大量访问。这时候就需要云服务器。

高精度测位社会项目研讨会将官方组织、民间组织都纳入电子地图维护管理的主体范围。

收集场地信息的电子地图管理组织的成立，只是时间早晚的问题。那么话说回来，设施管理者提供数据信息的动机在哪里？我认为，这源于租户们的愿望和要求。

比如说，在上述大丸有地区安装室内定位设备、制作电子地图，从而能够在导航上找到该地区的餐饮店和商铺租户的信息。

届时，那些不在这个范围内的租户，便会发现客流量变少了。于是这些租户便会向入驻的商厦管理方提出要求：正因为其他商厦提供了这种服务，所以导致我这里的客流量变少了。我希望我们商厦也能够参与到导航服务当中。那么商厦管理方不得不应承租户的要求，提供电子地图所需的数据信息。

在移动互联网如此发达的今天，如果电子地图上面没有各种店铺的信息，对于那些视客流为生命的餐饮店、商铺来说，是绝对无法接受的。

另外，还有一个重要的地方不能忘了，那就是灾害发生时，室内定位设备在保障地下街道等地人员安全方面所发挥的作用。当火灾等灾害发生时，电子地图能够给消防队的救援行动提供重要信息。并且当灾害发生时，用户也可以通过手机获知去哪里避难的信息，这样的服务也在研讨当中。

对所有的信标进行日常管理，需要注意什么

低功耗蓝牙信标是上述室内定位系统中重要的设备，能够弥补提供无线局域网的无线接入点的不足之处。如果希望在任何场所都能够正确导航，低功耗蓝牙信标是必不可少的。各种实证实验结果表明，就目前所掌握的各种技术来说，在绝对位置测定方面，低功耗蓝牙信标是不可或缺的。

此前，那些参加地下街道导航实证实验的企业当中，凡

是使用低功耗蓝牙信标的企业，我几乎都与他们讨论过。他们都异口同声地说信标的状态管理是一个永远的课题。这是什么意思呢？就是说从长期运行的角度来看，不是把低功耗蓝牙信标安装在建筑物内就结束了，如果不能进行正确的状态管理，那么随着安装数量的增多，维护工作将是一个大问题。

如果想做到在任何场所都能够室内定位，那么大量的低功耗蓝牙信标就必不可少。比如说，东京有 250 万平方米的地下街道，如果每隔 5 米安装 1 个信标，那么就需要安装大约 10 万个信标。另外，若要实现后文所说的其他室内定位服务，那么就需要在商厦、写字楼等建筑内安装信标，信标数量将会更多。如果想对所有的信标进行日常管理，就需要相应的方法。

正因为低功耗蓝牙信标有小型化低耗电的特点，因此在电池的驱动下可以工作好几年，但是作为室内定位的新设备，日常维护管理必不可少。尽可能地低成本长期使用，是我们不能不考虑的问题。

如果能够及时地维护管理，那么还能够衍生出其他新的服务。那就是低功耗蓝牙信标在灾害防御、急救等重要领域的新服务。第 5 章中说到，如何减轻城市水灾时地下空间进水带来的危害，是各个大城市所面临的大问题。在这种情况下，低功耗蓝牙信标便可以发挥作用。

接下来将为大家介绍如何利用经过妥善管理的信标去实现地下街道的导航，还有在此基础上如何将其作为灾害防御的基础设备加以运用。

将所有的信标当作物联网设备来使用

说到信标的管理，就是将所有的信标当作物联网设备来使用。为此，信标必须连接互联网，这时如果采用 Dust Networks 的 Smart Mesh 技术，那么一切都能够轻松实现（图 6-1）。

图 6-1　利用多跳网络读取 ID 标签

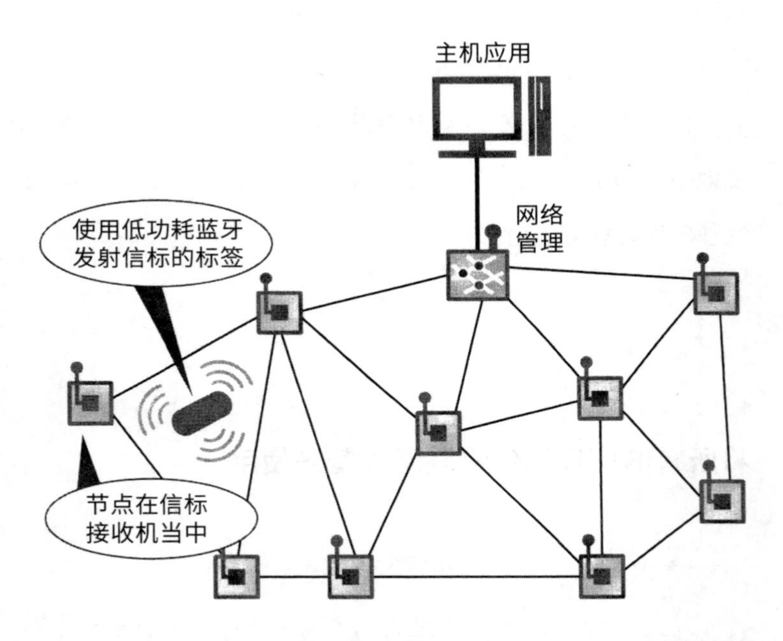

由于多跳网络的各节点都具有低功耗蓝牙的信号接收功能，因此可以推算出通过低功耗蓝牙发射信号的标签位置。已知各节点的位置，那么就可以通过接收信标的节点以及各个节点的接收信号强度推算出标签的位置。

为此，我们与在蓝牙研发方面有着大量成功经验的日本 CRESCO Wireless 公司洽谈合作。CRESCO Wireless 公司的董事长兼总经理森山正吾先生，在 2015 年 1 月的第一次会谈时就了解了 Smart Mesh 技术的特性，认为 Smart Mesh 是实现低功耗蓝牙信标连接的最佳技术。并且当场就达成了搭载 Dust Networks 的模块与低功耗蓝牙收发芯片的硬件——Dust+BLE Bridge 的开发合作意向。Dust+BLE Bridge 如今受到了诸多需要对信标进行状态管理及控制的企业的好评，并为此开发了各种包含应用程序在内的系统。

Dust Networks 推出的大规模网络管理——VManager，具有信号再利用的功能。因此，随着连接因特网的无线接入点数量的增加，理论上连接网络的分机也可以无限增加。1 个无线接入点将可以容纳 300 个 Dust+BLE Bridge。这就意味着在安装了低功耗蓝牙信标的环境下，每 7 500 平方米的范围内只需 1 个无线接入点即可。

使用 VManager，即可对设置的所有信标进行远程控制。如果在信标当中内置传感器，还可以把信标当作低功耗蓝牙信号接收器使用。

通过 Smart Mesh 连接因特网的所有低功耗蓝牙信标，可以集中化管理、控制。具体来说，就是任何时候都可以随意改变信标的信号发射周期，以及查看电力消耗的程度、电池的剩余电量。甚至当水灾、火灾发生时，日常所用的信标也可以当作应急信标来使用，需要接收信标信号的用户手机的应用程序也随之切换到应急模式，从而减轻灾害带来的危害。

接收到应急信标信号的智能手机马上开启应用程序，并给相应序列号的信标发送信息。与此同时，安装在天花板上的信标，作为低功耗蓝牙信号接收器开始工作。二者互相配合，灾害防御中心就可以知道什么人在什么地方，危险区域还有没有人员滞留，并且逃生者也可以知道往哪里跑最安全。日常生活中给我们带来便利的导航应用程序，在灾害发生的时候也可以变身为挽救我们性命的应用程序。

接下来为大家说明，在信标当中内置传感器，能够起到什么作用。在地下街道随处安装的信标当中，某些必要的信标里面内置水位传感器，即可实时掌握地下空间进水的情况。当水灾发生时，地下街道的灾害防御中心就可以根据这些信息，给出确切的避难指示。

另外，该系统也可以运用于地下街道等环境的舒适性调控。由于信标当中内置了温度传感器，那么在此基础上再加上二氧化碳、湿度等传感器，即可实现地下街道的换气和空调的最优化运行。

提高医疗服务质量和效率

另外，如果有一定电量的电源，譬如说 10 毫安持续供电的电源，那么就可以把信标当作低功耗蓝牙信号接收器来使用。同样，如果能够随处安装低功耗蓝牙信号接收器，那么就可以将其作为基础设备来使用。然后在移动的人和物体上贴上低功耗蓝牙标签，即可结合定位信息实现新的服务。

举个最容易理解的例子——医院。医院里有大量的医生和护士，并且总是忙个不停。而且，最近又在推动医疗设备的便携化。护士如果能够知道医生、患者以及医疗器械都在什么地方，那么就可以节省时间，提高效率。另外，也可以根据护士的行走记录和行走路线，实现业务的效率优化。

如果在医院内部安装足够数量的低功耗蓝牙信号接收器，那么就可以在医生、护士、患者的身上以及医疗器械上面贴上低功耗蓝牙标签，掌握他（它）们现在所在的位置。用纽扣电池驱动的低功耗蓝牙标签，只有500日元的硬币那么大，可以放在姓名牌、凉鞋等任何地方。另外，纽扣电池有 200 毫安时的容量，那么即便每 10 秒向信标发送 1 次信号，也足以使用数年的时间。

另外，患者身上安装的用于监测心率、血糖、血氧等数值的生命传感器（Vital Sensor）当中内置低功耗蓝牙标签的事例也在增多。如果在医院内部各处安装低功耗蓝牙信号接收器，那么当患者身上安装的生命传感器检测出异常值的时候，便可以当即知道患者所在的位置和身体状况。

在认知障碍康复医院里面，认知障碍患者可以在安全的范围内自由活动，但是却不能让患者前往危险的区域。那么可以在患者的衣服或鞋子里面安装低功耗蓝牙信标，一旦患者前往危险区域，便可以向护士、工作人员示警。

确保工人的安全和提高生产率

定位信息与传感器监测数据相结合，其发挥作用的地方并不只限于医院。接下来要讨论的便是其在化工厂、钢铁厂、大型机械厂等企业的生产安全方面的应用。

比如说使用硫化氢的工厂，为了防止瓦斯泄漏时对工人造成的危险，让工人携带便携式瓦斯传感器。传感器一旦监测到瓦斯泄漏，便会发出警报声，但是却没有标识泄漏地点。如果在工厂内部安装低功耗蓝牙信号接收器，那么就能掌握瓦斯泄漏的地点信息，从而将二次伤害的可能性降到最低。

在大型工厂当中，有时会因为大型机械的阻挡影响视线，有时会因为高分贝的噪音听不见说话声。在这样的环境下工作的工人，如果因为急性病发作倒下或者因为触电等原因受伤，怎样才能尽快地通知他人呢？其实，只要让在这种环境下工作的工人携带内置加速度传感器的信标标签，即可及时发现情况。通过加速度传感器监测到的数据，便可知道工人的情况。

另外，在提高工作效率方面，定位信息也有用武之地。譬如说在大型仓库，下了订单的商品需要经过拣货，然后装上配送车。虽说随着仓储作业自动化的推进开始使用无人搬运车等设备，但是由于商品多种多样，因此仍需大量的人工作业。大量的工人在拣货的时候，有时会因为几个工人聚集在同一个货架前互相干扰，另外有时会因为行动路线的问题需要前往远处的货架，随着这些情况的增多，工作效率也在下降。如果要改善上述两种情况，必须掌握工人的行动路线，优化货架陈列商品的配置，向每一名工人发出明确的拣货指示。这时就需要获取定位信息的信标发挥作用了。

上述基于室内定位设备的定位服务，适用于旅馆、酒店、大型餐饮店，同时，也有使用类似设备的室外定位服务。室外定位适用于体育场、铁路沿线、主题公园、奥运会场馆、山路等各种室外环境。

例如，棒球场上有贩卖啤酒和小吃的售货员，也就是“小摊贩的服务”。如果能够准确掌握顾客所在的位置，那么就可以知道哪个售货员离顾客最近。智能手机、信标、蓝牙标签、低功耗蓝牙信号接收器，哪些设备应该贴身移动，哪些设备应该固定不动，倘若对调一下，那么能够提供的服务将会大为不同。

在运输业和物流业方面，各种各样的货物如今在什么地方，是什么状态，如果能够掌握这些信息，那么相对于之前，便可以提高运输的效率和服务的质量。我相信在2020年奥运会、残奥会召开之前，一定能够实现基于定位信息的、具有日本特色的细致的服务，从而提供高效的时间安排和安全性更高的服务。

第7章

“物联网 + 农业”

除了安全保障之外，我们日常生活中还有一种重要的东西，那就是食物。而物联网则给食物的源泉——农业——带来了革命性的变化。本章将列举海外的先进事例和日本的成功案例，就日本农业的现状以及未来的革新方向中物联网所能起到的作用进行说明。

日本的食物是技巧的产物

说到农民们内心的真实想法，我认为不外乎是在自然的恩赐下获得丰收，在给食用者带来喜悦的同时，自然地收获了经济的发展。日本列岛南北狭长，太平洋沿岸、日本海沿岸，平地、山地、盆地……有着各种各样颇具特色的地形。并且由于日本领土几乎全部处于温带，四季分明，从而形成了丰富多样的气候、水土等自然环境。因此各地都有各自的特产。正是这样的水土和季节变化给我们带来了新鲜的食材，从而支撑起了日本人丰富的饮食文化。

联合国教科文组织将符合日本人气质的、尊崇自然的饮食习俗——“和食”——列入了非物质文化遗产名录。虽说日本的农产品自给率仅为39%，但那是按热量计算的，如果按金额计算的话，农产品自给率可以达到64%。

日本农产品品质优良，是得到海外广泛认可的。就大米来说，越光、一目惚都是享誉全国的品牌，另外还有以Amaou、栃乙女为代表的草莓，宫崎县特产“太阳之子”杧果，夕张的蜜瓜等，就连苹果和蜜柑各地也都有相应的品牌。

这些闻名于世的的美味，经过了长年的品种改良，是农民及农业工作者长年积累下来的种植技巧的产物。种植技巧来源于基本的经验和直觉，是改造自然的匠师的技艺。

另一方面，日本的农业从业人员不到200万人，平均年龄超过67岁。其中以农业为主业的专业农民只有44万户，这个数字近十年来几乎没有变化。可以说，这44万户农民支撑起了日本的农业。

农业从业人员数量稀少的主要原因是，愿意从事农业的年轻人少了。究其原因，我认为是农业当前面临的三个问题造成的。

第一是辛苦。与待在开着空调的舒适的办公室里相比，从事农业则必须不畏寒暑地在农田里干活。这对于在城市打拼的年轻人来说实在是太辛苦了，农业不吸引人。

第二是不挣钱。这是因为日本的农户平均每户所拥有的耕地面积狭小，大多数农户的生产都无法形成规模效应。今后有必要让企业参与到农业中来，对农田进行集约化管理，从而提高生产率。

第三是不稳定。既然是与自然相伴的工作，那么在享受阳光、土壤等自然恩惠的同时，也会遭受频繁的强台风、异常的寒流或意想不到的病虫害等。

在这种情况下，2015 年日本政府计划加入 TPP（跨太平洋伙伴关系协定）。

TPP 将打开农业物联网的大门

关于日本计划加入 TPP 协定，特别是撤销农产品的关税，遭到了日本农业相关从业人员的强烈反对，但在 2015 年 10 月 6 日，日本首相安倍晋三宣称，达成了加入 TPP

的大致意向。

安倍晋三在会见记者时说："农业是国家的根基……不能把 TPP 当作危机，而必须当作是机遇。必须点燃农业变革的导火索，让年轻人怀着自发的热情打开一片新的天地。"首相称加入 TPP 协定，是阻止日本农业走向衰退的一个机遇，并总结道"不要惧怕改革。要勇于挑战。伴随着革新，走向广阔天地的时候到了"。

日本政府希望，日本的农业能够迎来以年轻人为中心的新气象。所以日本政府在参与 TPP 谈判的同时，修改了与农业相关的法律，这样普通企业也能够很容易地参与到农业当中来。

这次的修正案当中，大幅度放宽了保有耕地的法人注册登记条件。相关法律以前规定"董事中必须半数以上长期从事农业生产经营"，修改以后变为"董事或者主要人员中必须有一人以上从事农业生产经营"。

另外关于股东决议权，改为非农业从业者的决定权不超过总决定权的 50%。可以想象，2016 年 4 月修正案正式实施以后，随着农地保有合理化法人的注册，将会有更多的人参与到农业当中来。

一方面随着加入TPP带来农业国际化的推进，另一方面随着合理化法人的注册让更多的企业参与进来，将会给今后的农业环境带来巨大的变化。

如果要把这种变化当作机遇，推动日本未来农业的发展，那么就必须以农业变革为目标，即把辛苦的、不挣钱的、不稳定的农业变革为轻松的、能赚钱的、稳定的农业。

所谓“轻松的农业”，就是尽可能减少人力劳动的农业。这可以通过自动化提高生产率来实现。也就是说在现有的拖拉机耕种、联合收割机收割等高效率农业的基础上，再加上物联网的环境自动调节、自动化灌溉、无人机喷洒农药、化肥等手段。

所谓“能赚钱的农业”，指的是在产量稳定的、高品质的、好味道的农作物的基础上，对农产品进行加工，使之成为高附加值的食品。在此，必须进行市场调研，了解消费者真正喜欢什么样的食品。去超市等场所直观地调查消费者的购买情况，是市场调研阶段重要的工作。

所谓“稳定的农业”，指的是对地球温室效应带来的气候变化、强台风、寒流、病虫害等农作物灾害进行预防。为此，必须对水、空气、养分、温度等影响农作物生长的环境因素加以调节管理。

上述这种轻松的、能赚钱的、稳定的农业目前已经部分实现。如果要实现新时代的农业，我们应该参考海外的成功案例和目前正在进行的物联网应用案例，从而找到今后的发展方向。

从荷兰看日本农业的未来

由于日本国土面积狭小、多山多林，因此日本的耕地总面积只有 450 万公顷左右。而美国的耕地面积是日本的近 100 倍，平均每个农场的面积也是日本的 100 倍以上。

美国等国家的大型农场会大量产出玉米、小麦等便于运输、保管的农产品。如果与这种大规模耕种的农业展开针锋相对的竞争，从生产成本的角度来说，日本毫无胜算。那么，我们不妨看一看与日本农业环境相似却生产力水平较高的国家的例子。

有这么一个国家，国土面积比日本更加狭小，但是在农业上却大有作为，那就是荷兰。荷兰的国土面积和日本的九州岛差不多大，其耕地总面积只有200万公顷，不到日本的一半，但如果按金额计算的话，却是仅次于美国的世界第二大农业出口国。

荷兰的领土当中，有40%是靠填海造地制造出来的低洼地，土地贫瘠。并且由于荷兰与库页岛纬度差不多，因此和日本相比，其冬天的日照时间特别短。而荷兰却克服了这些不利条件，以温室设施栽培为核心，缔造了发达的农业。

番茄是荷兰具有代表性的农产品之一，年产量80万吨，超过了日本的70万吨，每平方米产量达60公斤，是日本的3倍。

荷兰的温室，是在水泥地上用钢材或铝合金搭建框架，然后在上面镶嵌玻璃的一种坚固的设施。论规模，比日本的塑料大棚要大得多。

荷兰在温室栽培方面，运用传感器对室内环境加以精准监测，以维持最佳环境。就以 NHK 的纪录片《现代大特写》当中的弗兰克·范克勒夫的温室为例，其占地面积是东京巨蛋球场的几十倍。温室内部，通过传感器采集光照、温度、湿度、土壤、水、二氧化碳浓度等 500 多项数据，然后通过电脑加以调控。

弗兰克·范克勒夫每天早上不是去乙烯基大棚里劳作，而是在办公室的电脑前工作。一边通过电脑对温度、湿度等加以管理，一边想着：番茄的年出口额超过 1 亿日元了吧。待在办公室里不出门，也能够自动完成杀菌的灌溉水浇灌、增加二氧化碳浓度等工作。弗兰克·范克勒夫的的确确已经实现了轻松的农业。

若要实现能赚钱的农业，那么降低生产成本则尤为重要。包括弗兰克·范克勒夫的温室在内，荷兰的温室都充分利用了宝贵的阳光。与之相对应的，楼房等设施内的植物工厂，则不用阳光的光照，取而代之的使用荧光灯、LED 灯等人工照明设备。

人工照明有着不受天气影响、随时可以光照的优点，但毫无疑问需要电费。日本设施园艺协会 2014 年度的调查表明，日本国内使用人工照明的植物工厂当中，保持盈利的只有大约 30%。其中最主要的原因就是，人工照明的电费太高。

植物工厂当中，无需土壤即可栽培植物，同样，温室当中也可以水耕栽培。荷兰等农业发达国家就是采用水耕栽培的方式。比如说，与荷兰南部接壤的比利时，该国最大的番茄园多恩伯格（音译），就是一个占地 50 公顷的、巨大的水耕栽培的温室。该番茄园的每平方米产量高达 80 公斤。

培养基采用的是石棉这种人造矿物纤维。石棉具有良好的吸水性，可以给予植物最佳的水分和养分，从而降低病虫害的风险。

而且，多恩伯格番茄园在番茄种植的基本要素——阳光照射方面下了功夫。越是充足的光照，光合作用就越充分，从而促使番茄顺利生长、结出美味的果实。为此，就要采用低反射、使室内光线扩散的特殊玻璃，从而将太阳光反射降低到最低程度，将更多的阳光导入温室内部。

由于番茄属于一年生草本植物，因此多恩伯格番茄园除了每年重新种植需要两周的时间外，差不多一年内就能收获。另外，由于比利时纬度较高，所以暖气和人工照明都是不可缺少的。这时候不妨使用天然气热电联产发电，这样的话产生的热量用来供暖，产生的电力用来照明，产生的二氧化碳用于光合作用。并且光照充足的季节还可以将剩余的电力对外销售，获取盈利。

这种温室管理，与第 2 章介绍的设备管理极其相似。从暖气、照明的调控，到水肥一体化灌溉的时间和时长，全部都自动化调控，几乎不需要人力劳动。并且在需要人力的时候，会通知相关的管理者。

其实，日本也有类似于荷兰、比利时的案例，充分利用自然的力量促进农产品生产的设施新方案。松下制定的农业支援目标“农业工程事业”，就是如此。

该事业以运用日本农民积累的种植技巧，重振日本农业为目标。旨在实现全年的稳定生产、稳定供给，为消费者提供安全放心的食品。

具体来说就是室外光照度、室外气温、室内温度、湿度的检测，遮阳网的开合，以及送风、洒水的调控，并根据季节和时间自动调整。比如说冬季，为保证采光自动打开东侧的遮阳网，为确保室内的温度自动降下西侧的遮阳网。

虽说如今日本的设施栽培农户都采用塑料大棚进行土耕栽培，在这一点上与荷兰、比利时的案例不同，但是今后，农民们在展开种植的时候，或许会采用更高生产率、更稳定的水耕栽培。

届时就必须采集光照、温度、湿度、二氧化碳浓度、叶片的红外热成像、排出的水的成分等各种各样的数据。然后根据这些数据来决定窗户与遮阳网的开合，暖气、二氧化碳发生器、加湿器的启动与关闭，喷雾灌溉的时间和水量，溶于水中的肥料的分量，喷洒农药的时间和用量等。

我们都知道，植物的虫害与病害和温度、湿度、叶面结露等因素有很大关系。因此要对传感器监测到的数据加以分析，从而找到最合适的农药、最佳的喷洒时间。

对传感器采集到的大量的环境数据进行大数据分析

在耕地环境的监测方面要用到各种传感器，这时可以广泛地使用不受场地制约、无须布线的无线传感器网络（图7-1）。对分布于各地的农场进行集中管理，是企业经营农场的重要手段。

从这个角度来看，筑波大学的平藤雅之教授是将信息通信技术运用到日本农业方面的先行者。平藤教授就日本农业的未来，曾经对我说过一番意味深长的话。平藤教授的原话如下：

图 7-1 农业方面的应用

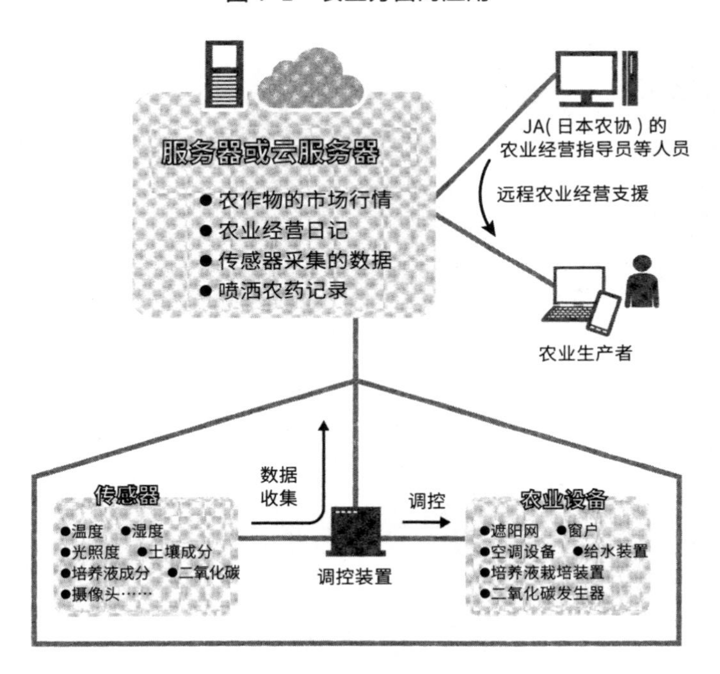

各机电公司的农业支援体系的示意图。利用无线传感器网络对农田的数据进行采集、传输。如果要随心所欲地安装农用传感器，那么就必须采用无须配线、传感器安装位置较为自由的多跳网络。以上图文摘自《日经电子》2014 年 9 月 1 日刊 33 页图 1。

“我现在住在北海道。北海道十胜地区的很多农民，一个人就有100公顷的耕地，他们在从事农业的同时，还希望能够有属于自己的时间，因此对省工省力的新设备的引入抱有积极的态度。考虑到今后日本农业的发展，就连本州岛也会不断地扩大耕地面积。到那时，要想把整个农田的边边角角都巡查一遍就比较难了。必须要有远距离地监测整个农田状态的方法。

如果要了解广阔的耕地的状况，就必须设置无线传感器网络。为此就专门开发了田间服务器。随着农业产业化的发展，人们为了及时发现农作物生长状况不佳的区域，改善农作物生长环境，开始使用田园监控等手段。

无论是全球性的气候变化，还是区域性的气候异常，都会对农业生产造成大的打击，为此，研发适应环境变化的农作物品种的呼声越来越高。如今我的研究方向就是，传感器采集的数据对农作物品种改良的作用。若要搞清楚农作物的生长环境，就必须采集多种数据。然后将这些数据与农作物的生长状态进行比对。促进品种改良所需传感器的数量是一个庞大的数字。”

就像平藤教授当初预计的那样，如今人们利用物联网，在农场的各处安装各种各样的传感器，持续地采集数据，从而知道和之前相比如今是一个什么状况，并由此得出接下来应该怎么做。

各个区域的各种数据的正确采集，是一件非常重要的事情，但更重要的是，根据这些数据正确地调控各种装置。这时候大数据分析技术就派上用场了。当人们建造大型温室并决定种植什么农作物的时候，理所当然地会期盼尽快地高产丰收。而 NEC（日本电气股份有限公司）就是致力于这个领域的企业。

通常来说，农民会在某一地区的农作物种植上积累经验，长此以往就会得出相应的诀窍。NEC 运用大数据分析技术，与精通农业的企业、机构共同研究，从而实现了无须长期积累数据即可构建科学的数据模型的技术。目前这种技术被用于灌溉、二氧化碳浓度管理、温度、湿度、光照的调控方面。并且也可以用于以灌溉调控、施肥调控为手段的水耕栽培，还可以用于对喷洒农药的时间和用量的判断。

前文介绍的荷兰与比利时的案例，都是番茄种植的例子。但是考虑到支撑起丰富的日本饮食文化的日本农业，那么就必须以多种多样的农产品为对象，实现符合各品种的农作物、各地域气候的灵活的自动化。届时，要运用到支撑日本农业的、资深农民的匠师技艺。我们不妨把这些匠师的技艺，通过传感器网络、大数据分析等物联网技术转换成数字数据，从而运用到农业自动化当中。

加速推动农业六次产业化创新

物联网不仅能够提高农业的生产率，还能够加速推动农业“六次产业化”。所谓“六次产业化”，指的是对第一产业的农产品，进行第二产业的加工，再进行第三产业的销售。也就是说，1（第一产业）×2（第二产业）×3（第三产业）=6（六次产业）。本章的最后，将为大家介绍日本农业六次产业化的成功案例。

在这里，我要给大家列举的六次产业成功案例，就是日本酒水行业的灰姑娘故事——纯米大吟酿“獭祭”的生产厂家——旭酒造株式会社。2014年4月，美国总统贝拉克·奥巴马访日时，首相安倍晋三将獭祭作为自己家乡山口县当地特产酒赠予奥巴马，使得獭祭一举成名。如今，旭酒造株式会社虽然只生产獭祭这么一个品牌的酒水，却得到了迅猛的发展。

日本酒的消费量在逐年降低，然而旭酒造株式会社的酒水出货量却在直线上升。这恰恰说明了旭酒造株式会社六次产业化的成功。在这个壮举的背后，还有利用传感器采集正确的数据，然后对数据加以分析，再运用到酒水酿造当中的努力。

1984年，34岁的樱井博志继承家业，成为旭酒造株式会社的第三代社长。当时的旭酒造株式会社，只是山口县深山里的一家地方性小酒厂，并且销售额相比10年前减少了三分之一，业绩不振，苟延残喘。

在这种情况下，如果继续按照原来的方式去经营，是不会有什么发展的，于是樱井博志决定把注意到的事情、想到的事情以及能够做到的事情统统付诸实施，经过反复摸索后得出了“生产注重品质的纯米大吟酿”的方针。如今旭酒造株式会社的官网上也有这么一句话——“不是为了让人一醉方休，也不是为了销售量而酿酒，而是单纯追求让人回味的酒”，说明这个方针一直被贯彻执行，至今未曾改变。

就在獭祭这个品牌稍有起色的时候，考虑到事业多元化的发展，旭酒造株式会社开始参与酿制当地的啤酒。然而最终却以失败而告终，企业面临着生死存亡的危机。就在这个时候，负责酿酒的酿酒师辞职，离开了旭酒造株式会社。

酿酒依赖于酿酒师这种传统职业。但是酿酒的诀窍是不是只存在于酿酒师的脑子里，很早以前樱井博志就有这么一个疑问，于是他进行了大胆的改革。利用传感器对酿酒的各步骤进行监测和数据化分析，从而使得员工能够对温度和下料时间加以管理。正是因为这个决断，才造就了今天的旭酒造株式会社，对于那些今后打算使用物联网的企业来说，这个成功的案例有着非常重要的启示意义。

比如说，在用水淘米这个步骤当中，必须对米吸收的水量加以准确控制。这时，就要对米的重量、淘洗的时间以及水温等数据加以监测，从而达到最佳的要求。另外，在浓醪发酵的过程中，也要每天对酒精度、糖度等数据加以监测，分析发酵的进程，从而决定第二天的温度控制以及加水的时机。

一开始由于数据量较少还处在摸索的阶段，但只要持续坚持数据管理，就能够实实在在地改善品质。就拿价格便宜的獭祭来说，从数据管理的第一年开始，其品质就超过了以往酿酒师酿造的产品。

另外，在2013年獭祭的销量急速上升的时候，却面临着酿造獭祭所需的酒米——山田锦米供应不足的情况。当年，旭酒造株式会社需要8万袋（4 800吨）山田锦米，然而实际能够供应的数量只有一半，也就是4万袋。因为原料不足的问题，可能会造成高达10亿日元的损失。于是樱井社长就开始思考能够确保稳定供应的方法。

众所周知，由于山田锦米长得较高，一旦受到台风等因素的影响便容易倒伏，是一种不知什么时候能够收获的难以种植的稻米。并且如果希望种出的稻米味道好，那么在浇水和施肥等方面也有其独到之处，唯有掌握相应诀窍的农民才能够种植。然而这些诀窍，农民只传授给自己的继承人，从而导致很难获得新的供应源。

这时，樱井博志在思考，在獭祭的稳定生产方面起了大作用的数据管理，能否应用到山田锦米的稳定供应上面，于是就想到了富士通的农用云服务 Akisai（秋彩）。

2014 年 4 月，旭酒造株式会社首先为两家山田锦米种植农户引进了富士通的 Akisai 云服务平台。在每个农户的水田里安装气温、湿度、土壤温度、土壤水分、导电率（表示土壤中肥料成分的数值）等传感器，然后每隔 1 个小时采集一次数据。另外，安装定点观测摄像头，每天拍摄水田的全景，这样日积月累就攒下许多水田的照片。什么时候施什么肥且要多少分量，农户可以借助 Akisai 云服务平台，使用电脑、智能手机收集这些工作数据。

对积累的数据加以分析，就能够搞清楚收割或者施肥的时机。这一次，引进 Akisai 云服务的农户当中，其中 1 户是没有山田锦米种植经验的，但是也成功获得了不亚于有经验的农户的大丰收。

利用积累的数据，可以帮助那些山田锦米种植新手克服种种障碍。并且旭酒造株式会社还开启了新的模式，面向农户举办“山田锦种植学习会”，将利用数据取得的种植技巧进行分享。

一定会推广开来的农业传感器网络

富士通不仅从擅长的计算机领域延伸至农业支援事业，并且涉足传感器的生产。水质传感器方面的大企业——堀场制作所，把目光投向了农业，开发了“LAQUA Twin”小型水质、土壤检测传感器。这些传感器不仅能够检测出酸性、碱性、导电率，还能够检测出土壤中肥料成分的含量。就目前来说，能够检测出钾、钙、硝酸、钠等离子浓度。

气温、湿度、水温等传感器，是一直以来农业当中大量运用的通用传感器。另外，在肥料的种类、施肥量、施肥时机、灌溉水量管理方面，如果要取得相关重要数据，则必须安装相应的土壤检测传感器。前文提到的筑波大学平藤教授的田间服务器当中，就运用到了这些传感器。据田间服务器推广人员说，土壤传感器尚有开发的余地，具体的课题包括只使用电池驱动、无线数据传输以及传感器模块与无线模块之间的数据交互的统一。

随着日本农业的国际化以及企业的参与，其生产效率将获得显著提升，由此农田的大规模化将是必然的趋势。如果要看护好大规模的农田，自动地维持农作物生长的最佳状态，就必须引进自动控制系统，通过传感器采集数据进行分析，再根据分析的结果加以自动控制。依靠物联网支撑起来的未来农业，不仅能够给我们带来美味的日本食材，或许还将能够解决全球人口持续增长带来的粮食问题。

结束语

首先要感谢大家能够读完这本书。不知道大家感觉怎么样，有没有想到什么物联网商业应用方面的新想法？如果说有所得的话，那么这本书的目的也就达到了。即便没有什么新想法也无须忧心。读完这本书之后，大家不妨到和自己有直接关系的工作现场去看一看，应该会有所发现。

大家所涉足的工作现场，无论是过去还是将来，都是支撑公司商业经营的场所。在工作现场，无论是生产还是服务，都会创造出相应的价值。大家不妨考虑一下，在这个基础上引入物联网技术，会不会创造出新的附加值。并不是只有对工作现场深入了解的人才能有所发现，只要是从物联网的角度寻找新的附加值，就会有所发现。比如说，大学里的教授和学生，都对学生报纸、学生名簿习以为常。但是如果从寻找新的附加值的角度来看，Recruit、Facebook 这样的企业就会应运而生。

关键在于从什么角度来看待事物。即便是对大家来说一直以来毫无变化的工作现场，如果从新的角度去看的话，或许就会发现一片谁也不曾涉足的蓝海，一个从未有过竞争的世界。如今是物联网的黎明时期，我认为有多少工作现场，就有多少广阔的蓝海。

物联网有一个优点，那就是不需要任何资格和许可，任何人都可以出航。那些尚未采集数据的工作现场，如果安装传感器采集新的数据，会发生什么？另外，将采集的数据与之前的数据相结合，是否能够产生新的附加值？至于所需的设备都是现成的，只需少量的投资将它们组合起来即可。

如此一来，首先我们可以驾着小船起航。现有的云服务和网络服务，可以给我们提供一个只需少量投资即可启动小事业的环境。

大海中或许能够找到我们从未见过的大鱼。我们不妨把鱼拿到市场上去，确定它值多少钱。如果值钱的话，那我们或许就可以通过内部筹资和外部筹资来造更大的船。并且如果人为驾驶船只也就是人为的分析运算力不从心的话，我们不妨通过人工智能来自动获取高附加值的信息。这样的时代已经到来。使用基于深度学习技术得以强化的最新人工智能，就相当于开船的时候不需人力划桨，而是安装了大马力的发动机。

另外，在一片海洋中捕捞的渔民如果能有大量的收获，还可以在日本全国范围内类似的海洋中捕鱼，甚至只需稍加改造，也可以在更远的渔场里捕鱼。

用大船捕捞到的收获，是不计算在现有的 GDP 当中的新附加值。对于适龄工作人口开始萎缩的日本来说，如果要实现经济的成长，唯有增加个人生产总值。将物联网新服务带来的 GDP 增长和所有人分享，通过增加某些人的收入，继而扩大消费，使经济进入良性循环。至于一开始冒着小小的风险出海的船主，自然会获得最多的报酬。

最近人们常说“投资回报率”，即 ROI（Return On Investment），指的是在成熟的竞争激烈的市场（经济红海）中苦苦挣扎，哪艘船被淘汰、哪艘船能够存活下来的指标。我不认为当初扎克伯格在开发 Facebook 的时候，会考虑到做这件事的投资回报率。他在哈佛大学读书期间，将Web这种通用技术与线上学生名簿结合起来，再结合网络聊天，“想要看看能创造出一个什么新的东西”。所以说，当新的通用技术问世的时候，投资回报率几乎起不到什么促进作用。

我坚信物联网是一门通用技术，和其他诸如内燃机、电力、计算机、网络等通用技术一样，随着时间的推移必将会改变这个世界。一门通用技术若要发展成熟，需要大约30年的时间，也就是需要一代人的时间。2020年东京奥运会、残奥会，只不过是这当中的一个里程碑罢了。那么，大家接下来要寻找的蓝海，30年后又能够浮起怎样的大船呢?

至于说我嘛，我如今设下了一个名为Dust Networks的小“关卡”，为大家配备出航所需的船桨。这船桨在最初出海的时候还能够用得上，但或许将来大家就会给船只安装大马力发动机，用巨大的螺旋桨来推动船只航行。我不建议大家绕过这个关卡。因为大家可能会遇到第2章中提到的多径衰落现象这样的难关。至于能否闯过这个难关，就在于大家怎么运用了。希望前往蓝海的诸位能够借助我提供的船桨，轻松地闯过难关，追寻美好的未来。

要说有意思，没有什么比创造新价值更有意思的事情了。

祝愿大家事业愉快，有意义！